U0172037

曲

艺

影

视

燕京梨园杂谭

京剧虽然发源河北，可是到了北平才发扬光大起来，加上清朝成立升平署之后，一般名角都应差供奉，更是如火如荼，蔚成满街竞唱"叫天儿"的盛况了。

喜欢听谭鑫培的，大家叫他"痰迷"；喜欢听杨小楼、梅兰芳的，大家说他"中杨梅毒"。给人起这外号，固然显着有点儿刻薄，可是迷上一个角儿，真有点废寝忘食、迷迷瞪瞪的劲儿。

民初是谭鑫培天下

民国初年谈到唱戏，整个北平可以说是

谭鑫培的天下。早上在天坛坛根儿瑶台的陶然亭，您听吧，这边唱"店主东带过了黄骠马"，那边调"听他言吓得我心惊胆怕"。沿街吆喝唱话匣子的，也拿百代公司新出品，谭叫天的《托兆碰碑》《问樵闹府》来号召。就是三更半夜走黑道心里直起毛咕的朋友，也会直着嗓子喊两句"杨延辉坐宫院"来壮壮胆子。当时家家都看的《群强报》，谭鑫培的戏报用隶体木刻，字越来越大，小四开的报纸，能够占去八分之一的版面，简直不可一世了。到民国七八年，北平的逊清遗老、各界名流，一股狂潮，力捧小梅，把个梅兰芳捧成名伶大王之后，《群强报》上的木刻排名，字的大小，先是谭、梅并驾齐驱，后来小梅名字加上花边，之后索性梅的木刻姓名大于老谭了。老谭本就性情高傲，连逊清的那中堂琴轩、内务府大臣世续，都管他叫谭贝勒，平起平坐。现在小梅居然咄咄逼人，要把他压下去，老谭嘴里虽然不说什么，可是心里总别别扭扭的一直不痛快。

　　有一次，河南巩县兵工厂厂长蒋梓舒，在崇文门外三里河织云公所给太夫人做八旬整寿，戏码有谭、梅的《四郎探母代回令》。碰巧谭老板正在烟榻喷云吐雾，一不小心把一个鼻烟壶掉在地上，摔得粉碎。这个古月轩制的竹苞平安七彩料壶，是谭老板心爱珍玩之一，烟壶摔碎，心里多少有点儿别扭，瘾没过足，就到织云公所上戏了。谭对这晚生后辈的小梅当然可以拍拍老腔了，瘾没过足又不便明说，于是让跟包的告诉兰芳，今天的戏要好生点唱。兰芳会错了意，以为谭老板特别高兴，准备卯上。谭、梅两人都用梅大琐操琴，梅是兰芳伯父，又特别知会了一声。等《坐宫》一上场，唱到对口快板，兰芳用足气力，越唱越快，谭老板可惨了，心说让你悠着点儿唱，怎么反而越唱越来劲，这不是跟老头子开玩笑吗？越想越气，加上瘾没过足，黄豆大的汗珠子可就一个劲儿往下掉，要不是功夫瓷实，能闪就闪，如其换了别人早就脱板了。梅大琐儿一看情形不对，直使暗号，兰芳才明白把事弄拧。等戏唱完，双方都没打招呼，谭老板可就把这个疙瘩记在心里了。

谭、梅《坐宫》结下梁子

后来有一次，金鱼胡同那家花园唱堂会，谭跟那琴轩的交情相当深厚，特地自告奋勇，要跟小梅唱一出《探母回令》。梅大琐一看这里头有文章，除了关照小梅场上要多加小心之外，也没有其他好办法。等《坐宫》一上场，老谭使出浑身解数，同时放下烟枪就扮戏，神满气足，嗓筒儿又高又亮，对口板如珠走盘，不但干净利落，而且板槽扣得滴水不漏。小梅一看谭老板是跟他较上劲啦。事已如此，也只好一咬牙抖擞精神，全力以赴啦。小梅向来不管多累的重头戏，脸上不会见汗，像尚绮霞（小云）、程御霜（砚秋）唱全本《四郎探母》，等"盗令送别"一下场，都要卸装松散松散，约摸着"回令"要上了，才重施脂粉再梳旗头。人家兰芳虽然也是照样卸装休息，可是再上"回令"之前，仅仅用粉扑盖盖油光，从来没有重施脂粉过，因为兰芳上台，脸上从来不见汗。当年美国著名武侠明星范朋克曾经说过："就是这一手，谁也办不到。"

再说谭、梅《坐宫》这场戏，虽然旗鼓相当，可是把这场戏唱下来，兰芳向来不见汗的脸，汗珠儿也直往下滴答。从此之后，两人的疙瘩算是结上啦。后来虽然伦贝子溥伦和红豆馆主溥侗俩哥俩出名摆过一次请儿，暗含着给谭、梅拉拉和，可是两人始终耿耿于怀。谭老板去世，出殡的时候，用寸蟒官罩，六十四个人杠大出丧，天津、上海梨园行有头有脸的都赶到北平执绋送殡，杨小朵跟余玉琴一边送殡一边咬耳朵。杨说："谭老板上回把小梅大概真挤兑急了，小梅一向对梨园老一辈儿的，永远是敬老尊贤执礼顺恭，谭的丧事居然礼到人不到，可见得实在太伤这孩子的心了。"谭、梅交恶这段秘闻，是杨宝忠亲口说的，杨是小朵长子，属于梨园世家，大概假不了吧。

余叔岩苦学《定军山》

小小余三胜叔岩，一生就服膺老谭一个人，真真得到谭老板神髓的，也可以说就是叔岩一人。只要是老谭的哪一出戏他想学，那真是千方百计都要学到，诸如趴在桌底下，躲在门背后偷偷搂叶子，钻头觅脑想尽方法来掏换，一定偷学成功才能罢手。他收的徒弟如孟小冬、李少春想跟老师学点玩意儿，也是费了九牛二虎之力，吃尽千辛万苦，还不一定学得周全，可能老师还要留点儿后手。叔岩对人说自己蒐来的不容易，卖的时候焉能不拿拿乔呢。

《老将得胜》(《定军山》)是老谭的拿手戏之一，因为这出戏黄忠是从青龙门（就是下场门，梨园行管它叫"青龙门"）上，认为是吉祥戏，同时《老将得胜》口彩又好，所以喜庆堂会都喜欢烦一出《定军山》。戏班子封箱开锣也唱这出戏取吉利。可是叔岩对于这出戏有点儿憷头，不大敢动。《定军山》黄忠有几个下场耍大刀花，如果刀花耍得利落，锣鼓点子包得严实，台底下一定要捧个满堂好。可是叔岩唱这出戏每次耍下场，都落不了好。自己细一研究，每耍下场刀钻就碰护背旗，护背旗打得七歪八扭的，当然耍不了彩了。后来一得空就想跟老师讨教讨教，可是老谭不是闪烁其词，就是顾左右而言他，不说真格的。

鼻烟壶换来耍大刀

有一天叔岩坐在烟炕旁边给老师打烟泡

儿，大概正赶上老师心里高兴，又搭着烟瘾刚过足。叔岩一看正是机会，又旧事重提，请老师把大刀花怎么耍法给说说。老谭说，前些时我不小心，摔了个古月轩的料壶，心疼了好几天。听说你最近淘换到一只古月轩百子图的烟壶，是真货还是仿造呀？叔岩一听，就知道老师意之所在了。赶忙回说，烟壶曾经送给玩烟壶专家郭世五鉴定过，认为壶底一个砂眼都没有，照笔法跟彩釉来看，属于古月轩的精品。现在没事，我马上回家把烟壶拿来请您法眼给订正一下。说着立刻跑回家，把烟壶装满荔枝熏的鼻烟，又跑回英秀堂来了。

　　谭老板仔细一瞧，壶型款式，确实是古月轩的精品，打开壶盖闻了一鼻子，烟也是好烟。叔岩当然随风转舵，老师既然喜欢，那就孝敬老师了。老师高兴之余，言归正传，抄起烟签子，拿签子把当刀头，用手一比画，让叔岩记住耍刀时，两只眼睛盯着刀，头脖自然而然跟着转，无论如何刀钻是碰不上护背旗的。一言惊醒梦中人，一个烟壶换来一套刀法，您瞧从前想学点玩意儿有多难呀。

王瑶卿改穿彩靴子

梨园行最能创造革新的，那要属王瑶卿啦。原先旦行只分青衣、花旦两工，青衣注重是唱，花旦注重是做，也可以说上跷的是花旦武旦，不上跷的是青衣。王瑶卿很早就嗓子不能唱了，如果改花旦吧，又不能上跷，踩跷一定有幼工。从前的跷既不分软硬，更甭提什么改良跷啦。他脑筋一动，于是旦行兴出一种花衫子来，例如《悦来店·能仁寺》的十三妹，侯峻山、余玉琴、路三宝他们唱都上跷，可是后来王瑶卿唱，就改了穿彩靴子了。至于说到唱，早期梅兰芳的唱腔，大半出于瑶卿创造，至于御霜的程腔更是脱胎王门腔调了。

王瑶卿大家都喊他"通天教主"，那是北平《立言报》记者吴宗祜跟他开玩笑起的这个外号，他也居之不疑，于是大家也就叫开啦。可是如果细一琢摸，这里头文章可大啦。往好里说，王瑶卿收徒弟不管内行票友，不分男女老幼，只要红封赞敬送够价码，他是一律收，全可以说是有教无类，善门大开；往不好里讲，无论是王八兔子贼，他都能大度包容。可是有一样，等到真正教徒弟的时候可就分了等啦。最起码的归了大拨，由程玉菁调教说说。比较有出息的徒弟，那就交给掌珠王铁瑛看功说腔了。假如这个徒弟由王大爷亲自指点，这一定是块良材美玉，将来一定是有出息能够大红特红的了。

拥有大批内廷戏本

跟王大爷学戏要有耐性，他倒不一定是架子大，而是烟霞癖太深，晚上不睡，早上不起，每天要等晚饭之后，烟瘾过足，才有精神，所以古瑁轩要到十点钟才陆续上座。王瑶卿也是升平署的供奉，他从内廷抄出来本戏最多，后来传出来的只有全本《十三妹》（代《挂帅征西》）、全本《雁门关》（代《南北台》）、全本《乾坤福寿镜》、全本《五彩舆》。《福寿镜》给了尚小云、芙蓉草，只在中和园唱过一次，后来就撂下了。此外，他还藏有八本《德正芳》、全本《安邦定国志》、全本《十粒金丹》、全本《绿牡丹》、全本《天雨花》（麒麟童跟王芸芳在上海天蟾舞台所唱连台本戏，是上海一位剧评人所编，不是升平署本子）。华慧麟因为程玉菁的关系，抄了《再生缘》的本子。王玉蓉得到了全本《四面观音》的提纲总讲，可是谁也没排没唱。

瑶卿全盛时期没赶上，他跟老谭合作也只听过《汾河湾》《南天门》两出，印象非常模糊。后来北平同仁堂乐家堂会，乐十二爷跟瑶卿交情深厚，特烦他跟程继仙唱了一出

《悦来店》。讲眼神、白口、身段、步法，四大名旦都在台底下凝神静气地看，等《悦来店》下场，梅兰芳说了句："王大爷的玩意儿咱们简直没法比。"至于尚、程、荀三人更是只有点头的份儿了。

旗妆戏瑶卿称一绝

王瑶卿既是内廷供奉，各王府他常常传差唱堂会，天长日久，耳濡目染，对于王公命妇的服饰仪注、言谈进退，都能够摹仿得惟妙惟肖，所以瑶卿的旗戏可以说是一绝。在北平鲜鱼口小桥华乐园没有翻修，还叫天乐园时代，他一时高兴，曾经在程砚秋的班里客串过几天。有一天笔者正赶上他跟慈瑞泉唱《探亲家》，戏里的唱只是吹腔银钮丝，唱调底也能对付过去。谈到扮相，他可不像一般旦角梳两把头，穿绣花旗袍，外加八道边的坎肩，脚底花盆底的旗装鞋。他只是梳了个旗髻儿，旗袍外罩毛蓝市布长褂，平底单脸鞋，纯粹是中年以上旗籍太太们家常打扮。《探亲》虽是一出斗哏戏，可是瑶卿跟慈瑞泉两个人演来却是悉力以赴，丝毫不苟，不但是盖口严实，就大小动作、手势、眼神，都能配合得天衣无缝。到最后两亲家唇枪舌剑，继之两人揪住一块儿，髻歪衫乱，像真事一样，让人叹为观止。

瑶卿不但识人，且眼光大远，也是一般人赶不上的。梅兰芳初次在天乐园组班，后来改在文明茶园跟俞毛包的儿子振庭合作，须生本来用的是孟小如，孟原唱旦角，后来改唱须生，个头调门跟兰芳都配合得很好。有一年歇伏，瑶卿料定兰芳将来一定能够大红大紫，当时王蕙芳正在广德楼挑班不歇夏，瑶卿就把孟小如介绍给王蕙芳跨刀，当时兰蕙齐芳，正是一时瑜亮。等到秋凉，兰芳戏班开锣，瑶卿可就把自己的胞弟凤二爷补上了。梅的承华社十几二十年始终跟凤卿合作，从没换过老生，凤二爷也就安安稳稳过二十来年的舒服日子。谈到孟小如可就惨了，自从张辫帅复辟失败，蕙芳也偃旗息鼓卸却歌衫之后，孟小如始终没能搭上长班，索性告别舞台教徒为生了。胜利后小如带着他长子孟之彦和胡菊琴的父亲四胡子在热河北票煤矿票房说戏，闲来没事提起离兰就蕙这段往事，除了自怨眼光不佳运气太坏，对于瑶卿真知灼见手法高明，始终是佩服得五体投地呢。

梨园识小续录

吴铁庵会搬运法

须生吴铁庵，可以说是北平梨园行的鬼才，他在十三四岁时唱一出《铁莲花》，不但做工老到，而且嗓子一点儿雌音也没有，当时人管他叫"小怪物"；等到过了呛口，老伶工贵俊卿听过吴铁庵几段戏，背后跟人说，铁庵的戏，如果能规规矩矩地唱，过个三五年，除了谭老板，可能就是这孩子的天下了。谁知过不了多久，铁庵得了鼠疮脖子，根本不能唱戏，只要一卯上，就鼠疮崩裂，终其生唯有给人说说戏，操操琴。

铁庵有一年在潭柘寺陪杨宝忠之父杨小朵消夏，庙里有位和尚，跟铁庵投缘，背着人教了他一套大搬运法，知道的人虽然不多，可是既然有人知道，自然而然就传开了。某年在天气已凉未寒时，有几位朋友在什刹海会堂小聚，其中就有吴铁庵。酒酣耳热之余，大家一再磨烦铁庵露一手给大家看看。铁庵在情不可却之下，于是说："我敬在座每位一对正阳楼的清蒸蟹盖吧！"（正阳楼在北平，是以卖胜芳大蟹、烤牛羊肉出名的。）说完，吴铁庵就离席外出，大约十几分钟，跑堂儿的捧着热气腾腾的一大冰盘的蟹盖进来，说这是吴老板的敬菜，跟着铁庵也进来坐下吃螃蟹。在座的有人到厨房看看，果然有正阳楼的包装纸，问问厨子，的确是吴老板亲自送进厨房让蒸的，再打电话问正阳楼，果然是吴老板在柜上买了二十只蟹盖走的。以会贤堂与正阳楼的距离，一在后门，一在前门，就是坐汽车，也要半小时以上才能到达，一个来回，自然得一点钟了；而吴铁庵能在十来分钟从后门到前门跑个来回，真可算神乎其技了。

毛世来跷工独步

谈起旦角的踩跷，老一辈要推余玉琴、路三宝、田桂凤。余玉琴一出《十三妹》，讲究从台上翻到小池子里，地方准、尺寸严、身段俏，说起来只要是内行，都得挑大拇指头。路三宝是有名的刺杀旦，《双钉》《双铃》《马思远》，比筱翠花又高明多了。老谭去世前，两人在文明茶园唱了一出《浣花溪》，跷工之稳，足为后辈楷模。田桂凤在民国十年以后，就不登台唱营业戏了；可是一年一度第一舞台窝窝头大义务戏，仍然是粉墨登场，照唱不误。某年跟萧二顺长华贴了一出《也是斋》，检场的连场子都不会摆，只有自己动手，裙衫大镶大滚，仍然是清末的装扮。跟包的因为他年纪太老，劝他不要上跷，他说："咱们是给祖师爷磕过头的，既然不是二髦子，可不敢乱出主意，坏了祖师爷的规矩。"暗含着就是骂王瑶卿，自己不能踩跷，花旦大脚片上场，愣给起名叫"花衫子"。足证老伶工之忠于艺事。

后来论跷工，武跷要属艺名九阵风的阎岚秋，《取金陵》《泗州城》《演火棍》，上铜底硬跷，比起同时的朱桂芳，确实又干净，又利落。谈到文跷，近年来推于连泉筱翠花为祭酒，可是翠花的跷，稳则稳矣，可惜有点儿里八字。毛世来出科后，一心想拜筱翠花为师，筱翠花一直不露口风。有一天，马连良在西来顺请客，酒酣耳热，就连玩带笑地劝于老板收下小毛，做个衣钵传人。于老板大概有酒盖着脸，就说了，小毛的玩意儿，平心而论，确实够细腻，就是不拜师，再过三五年，花旦这一行还不就是小毛的世界了：讲嗓子，脆而甜；讲把子，腰腿都不含糊；

说到跷，你们留神看小毛的《翠屏山》，潘巧云的下场，杀山的扑跌，就知道还用不用跟我学了。这话说了不久，小毛在新新戏院贴了一次《翠屏山》，内外行到的还真不少，看完之后，大家心里全有了数，再也没人怂恿小毛拜翠花了。

李多奎爱泡澡堂

梨园行人才最缺乏的要算老旦这一行了。早先最出名的是谢宝云，但是谢有一个极不好的毛病，就是太懒，不肯卖力，一出戏得一个满堂彩就算了。例如《探母》的太君"一见娇儿泪满腮"，一定是满工满调，响遏行云，只要是一得彩，底下就不卖了，所以得了一个"谢一句"的外号儿。谢宝云之后，出了个龚云甫，龚是玉器行出身，大家称龚处而不名。他天生一副老太婆面孔，嗓子又高又亮，配上陆五的胡琴，说一句梨园行的行话，可以说是"严"了。龚死了之后，先有陈文启、罗福山，后有孙甫亭、文亮臣，都只能算是良配，够不上好老旦。

　　到后来出了个李多奎，确实是老旦行的翘楚。李嗓子高亢而且有炸音，吃高不吃低，胡琴越高，他越往上冒。他先用耿永操琴，后来换了陆五。李多奎患深度近视，视力极差，在台上唱到大段玩意儿，他老先生把眼一闭，尽情而唱，什么叫身段表情，他就满不管了。所以有人给他起了一个诨号，叫"李瞎子"。李有一个特嗜，就是泡洗澡堂子，除了上园子以外，他是整天在澡堂子里泡，每天就在大池子里吊嗓子，借着水音，嗓子越来越冲；要有一天不上澡堂子，那简直等于犯了烟瘾的一样，非常不舒服。如果有人约李多奎到外埠唱戏，首先他得问当地有没有澡堂子，如果没有，大概他就敬谢不敏了。

王又荃席卷本戏

程砚秋的秋声社，原来有四大金刚，是贴旦吴富琴、小生王又荃、里子老生曹连孝、丑角曹二庚，红花绿叶，极尽衬托之妙。同时砚秋本戏特多，讲究艺口严，场子紧凑，一出戏有一出戏的行头，就是配角也得跟着行头翻新。所以秋声社的班底，都是老搭档，别的角儿搭不上，同时也搭不起，一直维持了四五年之久。不料天桥戏棚里出了个坤角，叫新艳秋的，不但扮相有点像程御霜，就是嗓筒唱腔，也颇有几分似处。北平有的是吃饱了没事干的捧角家，于是大家一起哄就把新艳秋捧起来了。

王又荃本来是南城的票友，时常在正乙祠票戏，扮相儒雅俊秀，由票友而正式下海。因为王是公子哥儿出身，当然声色犬马，都相当内行。此时新艳秋正苦于学程无门，尤其是程派本戏，无处淘换；恰巧又荃的跟包刘长生和新艳秋住街坊，经刘的撮合，又荃就给新艳秋说上戏了。日子一长，首先是《赚文娟》《玉镜台》的本子拿过来，继之《聂隐娘》《鸳鸯冢》也唱上了。

程老板的花腔，虽然王又荃知道个大概其，可是知道最清楚的，是御霜的琴师穆铁芬。穆也是怪人，十三岁就是春阳友会的名琴票，下海后身体发胖，留了两撇小胡，小平头，缎子坎肩，翡翠表杠，在台上拉起胡琴来，派头亚赛处长，所以大家都管他叫"处长"。处长经过王又荃苦苦哀求，由说戏变成傍角儿了，程唱是他拉，新唱也是他拉，程虽然生气，可是说不出来。后来王的胆子越来越大，不但自己给新配戏，甚至把秋声社的班底全拉到新艳秋的班子里来了。程老板在忍无可忍之下，才一气改组了秋声社，所有搭新艳秋班的配角，一律不用，跟王又荃更是断绝一切关系。可是所有程派本戏，举凡提纲、总讲、场子戏词，又荃都有一份，自然而然也都到了新艳秋手里。秋声社刚要改组，新艳秋马上就贴出程派拿手好戏《梅妃》《红拂传》《文姬归汉》来了。此后程班最感觉困难的，第一是胡琴，程的"抽丝""垫字""大喘气"，不是一般琴师可能托的，先试赵桂元，后用赵喇嘛，都格格不入，没法凑合，最后经张眉叔的介绍，才用上周长华。照实讲周长华之傍砚秋，可以说是后而又后了。至于第二困难是小生，先用顾珏荪，后用俞振飞，唱的主儿觉得不合辙，台下听的主儿也觉得别扭。程门本派，自从又荃席卷全部本戏而离班，程派也就由灿烂而趋于平淡没落了。

郭仲衡下海受窘

谈到程砚秋，就想起郭仲衡了。民初砚秋班里两个老生，一个是贯大元，一个就是郭仲衡。郭原本是学汪派的票友，有时唱两口还真有点汪大头的味儿。民国初年，正式下海搭入砚秋戏班，我记得第一次打泡戏是《双狮图》，一闻相爷回府，小生掷下狮子，匆匆下场，不知道检场的故意开玩笑，还是忙中有错，把石狮愣给拿走，虽然拿走了再拿回来，可是台底下已经来了一阵哄堂倒好。第二天郭贴《战长沙》（大轴是砚秋的二本《虹霓关》），关公一出场，又得了一个满堂彩，原来关公的绿色帅旗，错拿了替夫报仇的白色丧旗。一错再错，当然不是事出无心了。据说郭下了海，仍旧是票友派头，引起后台执事的不满，所以特意让他出出洋相。可见梨园行这碗饭，真不是好吃的，哪炷香烧不到，马上就会出乱子的。

丑行头儿郭春山

提起郭春山，就是在北平常听戏的人，也不一定知道这个怪物；可是各班的后台总管，提起郭春山没有不摇头的。郭肚子里极宽，文武不挡，六场通透，你只要说得出戏名，没有他不会的戏，所以丑行公推他为丑行头。他的好处是每个戏班不管他唱不唱，都要给开戏份儿掌戏，可是遇到冷戏，大家不会，他得给大家说说，甚至得他自己上场示范一番。

此人不但口齿不清，永远像有一口痰在嗓子眼儿堵着，而且面貌亦极可憎，专门跟梅畹华的承华社起腻。他说小梅他爷爷我们一个头磕在地下，我不帮他我帮谁！所以只要畹华有戏，他一定钉着，例如畹华的《金山寺》，小沙弥一定是他的；全本《西施》，馆娃宫的小太监一定也是由他应了。他跟升平署一个贴写是连襟，因之内庭若干成本大套的戏，他抄了不少出来，如全本《五彩舆》、八本《德正芳》《粉妆楼》《五女七贞》等提纲总讲，都是全的。如今这些本子不知乃嗣郭元汾，是否仍然珍藏着？

从"忠义剧展"谈关公戏

    中视每星期周一到周四的"忠义剧展"，从黑脸儿的包孝肃演到了红脸儿的关云长。关公忠义无双冠绝古今，不但切题，如果编排得法，把他列为社教节目，对于世道人心，可能收效更大。前清时代，对于文圣、武圣都是特别崇敬的，在各种科考文章里，要有一个"丘"字，不但不能进秀才中举人进士，甚至于童生考秀才还要送教官衙门用戒尺打手心呢！考举人进士就处罚更严重，下科不许参加考试，名为罚停一科。关公的名字"羽"字，虽然没有像孔子的"丘"字那样严重，但"羽"字也不许写原字三撇，要改为两点，这些都是对于孔子、关公崇敬的表示。现在不但不为人所注意，甚至于"羽"字原字是三撇，也没有人知道了。

　　清代在道光咸丰以前，宫廷演戏，饰关羽者报名时一律自称"关某"，同台别的角色，无论敌我，一律尊称"关公"。从前之昆弋班，主角有所谓红净者，就是专演关公戏的。民国十几年北平中央公园，有一家西餐馆，掌柜的赵子英，就是红净名票，他会关公戏五六十出，票了一辈子戏，登台只演关公。当年有位里子老生李洪春，因为他资格老架子大，梨园行尊称他"李洪爷"，他也自视甚高，认为关公戏无所不能。抗战事变前居然跟一位年轻票友段鸿轩为了红生戏起了争执，打起笔墨官司来。李洪春把当年张德天在宫里编的八十几出关戏的名称都拿出来请教段鸿轩，听过哪几出，唱过哪几出，甚至于把几出编而未排的冷僻的关公戏也提出来请教，在几家刊载剧评的报纸，尤其是

《立言报》上，你来我往论战不休。李洪春门弟子众多，最著名的有"十三太保"，个个都是咋咋呼呼、七个不依八个不饶的角色，剧评人景孤血、吴逸民看李洪爷词气尢厉，剑戟森森，弄得段鸿轩噎嚅赵趄没法下台。照这样一直论战下去终非了局，可是景、吴二位跟梨园行渊源较多，又不愿意开罪李洪春。有一天大家在来今雨轩晚餐谈起此事，赵子英挺身而出，愿意把李、段二位所结的条子，加以化解。不知是什么缘故，往返关说，不但没调停好，赵、李两人反而说僵，甚至于有人从中煽风点火，李、赵二人，一伶一票，也变成剑拔弩张情势。后来还是经警界的两位甘草人物延少白、吉世安出面调停，才把这桩老爷公案息争摆平。

皮黄班起先不禁演关戏的，据老伶工王福寿（外号红眼王四，对戏里规矩知道得最多，连谭鑫培、萧长华等人，一进后台看见红眼王四都赶快避开，免得他出语讥讽，当面受窘）说："在乾嘉年间，有位擅长红生戏的'米喜子'，在一次春节御史团拜演堂会戏，特约其演《战长沙》的关公。他上装时只勾勾眉子，画画鼻窝，既不揉红，也不抹朱砂，临出场前呷下两口白干酒，出场用袍袖遮脸，走到台口，把水袖往下一抖，台下观众满堂起立，大家都说，活似关公显圣，骤然一惊，所以悚然离座。"此后虽然宫廷跟昆弋照常上演关公戏，可是皮黄班的关公戏，从此就禁止上演了。

到了同治末年，程长庚担任三庆班掌班老板时，为了跟四喜班打对台，曾经重排全本《三国志》，叶福海（喜连成老板叶春善之兄）在广德楼演《刀会》《训子》。因为前台管事得罪该管厅上的老爷们，说他们故违禁例，非要把班主程长庚带走法办不可。后来经前后台大众苦苦哀求，最后还是把管事的"徐二格"带去，责罚一番才算了事。从此皮黄班又有若干年不敢演关公戏，直到现在各戏班演《白门楼》只上张飞不上关公，就是当年留下来的老例。一出《临江会》有二三十年不上关公，拿张飞来代替。萧和庄生前说："程大老板唱《临江会》就饰张飞，后来才归穆凤山饰演，到了光绪中叶，禁令日久，渐渐松弛，皮黄班才有人敢演关公戏，可是《走麦城》仍在禁演之例。官厅固然禁演，而梨园行人也认为渎犯武圣，没人愿意饰演。"这次中视"忠义剧展"，似乎有重排全部《三国志》的雄心，不知《关公升天》（又名《走麦城》）有没有安排在剧展戏目之内。

老伶公丑行头郭春山（郭元汾之父），因为口齿不利落，一生没能走红，可是他肚子里真宽，昆乱不挡，会的玩意儿非常庞杂。在梅兰芳的承华社里，他就担任丑行头，无论有他的戏没他的戏，都得给他开份儿。他说：李洪春跟段鸿轩打老爷官司时，他因为跟双方都有相当渊源，不愿出头了事，当年张照给内廷编的《关戏总纂》，一共有八十二出，甭说让李洪春演，就是八十二折剧目，他也不一定说得完全。段鸿轩人家是二十来岁年轻票友，你是给祖师磕过头的，如此跟年轻人斤斤较量岂不有失身份。据说这些话有人故意传到李洪春耳朵里去，他才接受延、吉两位调停的。

老伶公陈德霖、杨小楼在晚清都是不时传差进宫，慈禧跟前的大红人儿，而陈、杨两人在宫里谨慎小心，颇能观察入微。据他们说："当年宫里春节戏目一定有一出小楼跟余庄儿（玉琴）的《青石山》，戏中关羽（梨园行叫他'凫瓢子'）一定由李顺亭又叫'大李五'饰演，论学力技术都不比谭鑫培差，尤其嗓音高亢，擅长唱唢呐腔，《青石山》他饰关羽，'点将'一场，检场的撒一把满天星火彩，撒去帷幕。大李五的关公，他唱唢呐腔，句句都是翻着唱，字正腔圆，游刃有余，毫无力竭声嘶，让人听了有替他提心吊胆的感觉。慈禧等一把火彩撒出，不等撤帷子总是避席而起，走到廊子前站一会儿才回座。"后来才发现凡是戏里上观世音菩萨，或是上关公，慈禧总是托词起身回避片刻。有一次同治的一位妃子，当关公出场，一疏神忘了起身离席，慈禧后来借别的说词，罚她到御花园忠义神武关圣大帝座前连烧三天香忏悔失敬呢！

刘鸿升原本习净，他第一次出外到上海演唱，因为嗓子洪亮圆润，有人怂恿他改老生，哪知他一炮而红，"三斩一探"成了他的拿手戏，闹得北平街头巷尾不是"天作保来地作保"，就是"孤王酒醉桃花宫"，足足热闹了好一阵子。其实刘的"三斩一探"除了《斩黄袍》外，其余三出都远不及谭。有一次他忽发雅兴，想唱一出"刮骨疗毒"。一般伶公在第二天演红生戏最虔诚的头一天要斋戒沐浴，当天扮好戏揣上神要在后台膜拜后才坦然登台演唱。刘瘸子一向做事马虎，跟平常一样，没揣神拜福就上场了，"刮骨"一场，饰华佗的一不留神，木头刀居然把膀子上的肉划了一道口子，当时没有觉出怎样，可是一卸装，血流不止。虽然后来治好，可是足足有半个多月抬不起胳膊来，有人说那是不崇敬武圣所得的一点薄惩，从此刘鸿升就再也不动关戏了。

郭仲衡原本是北平南城票友，跟王又荃同一个教会，后来下海经王又荃的介绍，搭入程砚秋的戏班。三天打泡戏是《战长沙》《举鼎观画》。他是基督徒当然不会在后台上香磕头，可是关公一出台，特制平金绿缎子黄走水关公的帅字旗，检场的一慌疏，把下出砚秋《虹霓关》"替夫报仇"的白旗子给举出来了。第二天他跟又荃的《双狮园》，一声"太师回府"，检场的把一对狮子也拿走了，虽然再把狮子摆出来，可是台下一阵哄笑。虽然两次出错，都是检场的疏失，可也使得郭老板懵懵不安了。后来有人劝他既入梨园行，就应当照梨园行的规矩行事，他此后再演关戏也照样揣神拜福焚香礼拜了。你说事涉迷信，从刘、郭两件事情看来，就令人可解又不可解了。

笔者所听关公戏，程长庚、王福寿的固然没听过，就连老三麻子的也没赶上。有一次小三麻子在第一舞台唱了一次《单刀会》，风采踔厉，不愠不火，可算尚有典型，梨园行朋友看了人人叫好。斌庆社的王斌芬也擅长红生戏，他是范福泰给说的，范一生没有显赫得意过，他跟王福寿、彭福林都是小福胜科班出身，不但知道得多，玩意儿的确细腻传神。我听过王斌芬的《青石山》的龟瓢子，唱唢呐腔逢高必翻，洪亮有余，听了舒服之极，可惜英年不永，出科不久就去世了。王凤卿汪派戏，自己认为最得意的是《取帅印》《让城都》《战长沙》，他的关公戏宏邈俊迈，威而不猛，红豆馆主说凤二这出《战长沙》是得自汪桂芬真传，不但神情气度有独到之处，其雍容肃穆，也非一般自命红生泰斗俗伶所能企及。

　　林树森的关公戏在南方可算头一份儿，他的扮相眼神，以及身段步法都能不愠不火，唱两句也不难听，尤其《华容道》，令人击节，不过有时仍免不了有洒狗血的地方，那是久在江南，为迎合观众所好，大醇小疵是可原谅的。李洪春有一次在北平华乐园演了一次《古城会》，功架不错，可惜唱惯了边配，唱时不能翻高铆上，让听众在台下替他着急。耍起"冷艳锯"，也有拿不动感觉，不过他抖须、撩须、推须、扬须几个动作干净利落，为他伶所不及。林树森说："李洪爷饰关公，他那髯口上功夫，就够晚生后辈学上老半天的了。"现在中视忠义剧展，似乎有走上全本《三国志》的趋势，则将来关公戏正多，如果能把失传的关公戏多排几出上演，庶几不负"忠义剧展"这个响当当的剧名。

从北平几把好胡琴谈到王少卿

笔者年轻时候，不但喜欢听戏，有时还粉墨登场，深深体会到在台上打鼓佬跟拉胡琴的重要性。您的身段再细腻再边式，要是没有好打鼓佬的帮衬，是显不出精神来的；您的唱腔再磅礴再柔美，要是没有好琴手托腔，是显不出功力来的（昆腔的唱用笙笛、南弦子，梆子用板胡、笛子，至今未变。皮黄最初也用笛子，到了同治光绪年间，才改用胡琴的）。

笔者听过的最老的琴手是孙佐臣又叫老元，他身长，脸长，手指头也长，音域宽。据说他盛年时节手音特佳，刚劲俊茂，卓尔不群。笔者只听过他给孟小冬拉过《捉放曹》《盗宗卷》《搜孤救孤》几出戏，过门儿宏邈高雅，托腔大概是小冬调门儿低，孙老晚年耳音已差，觉出小冬唱来，有时显出稍感吃力。最后一次是哈尔飞戏院开幕，赛金花剪彩，孙菊仙唱《朱砂痣》，两老都患重听，拉者自拉，唱者自唱，两不相伴，倒也有趣。陈彦衡原是名琴票，人称陈十二，是有名的谭迷。他跟北平马菊坡研究谭腔，着实下过一番工夫。哪一个腔谭怎样唱，胡琴应当怎样托（谭的琴师是梅大琐），他们二人听完这个腔，扭头就走，回到家立刻谱出工尺来，一次不成再来二次，所以陈十二对谭腔记得最确实，就是拐弯抹角的地方也丝毫不漏。言菊朋自称老谭派，大半玩意儿都是得之于陈彦衡，言首次应聘赴沪演唱，就是陈彦衡给他操琴。不但所贴海报特别说明何人操琴，出场时还给他另设坐椅，风头可算十足。

李佩卿一直傍着余叔岩，他的琴艺蕴藉俨雅，不矜不躁，能让唱的人从容舒畅。叔岩中年以后，便血宿疾时发，累工戏难免有力不遂心的地方，李佩卿都能不着痕迹给弥缝过去。后来叔岩久不登台，佩卿傍了别的坤角儿。叔岩换了朱家夔，才知道当年李佩卿在场上帮衬的好处。

穆铁芬在旗，大面大耳，衣着整洁，气度雍容，所以大家送他个外号"穆处长"。十三岁时他的琴艺已经斐然有成，加入伶票云集的春阳友会，名师益友，相互切磋，艺事更为精进。后来下海傍程砚秋，举凡程的"抽丝""垫字""大喘气"，他不但托得严丝合缝，程走低音游丝继续，他能用胡琴带过，使得程的行腔换气，能够从容调息。程腔流行，他的助益不少。王又荃叛程，改傍新艳秋，穆也弃程就新。砚秋自从穆叛离后，换了若干琴手，都不合意，才觉出跟穆的分手是自己最大的损失。后经北平广播电台台长张眉叔把周长华介绍给程砚秋，程才算有了固定琴师。现在听听百代、高亭时代程的唱片，再听听后来程的录音带，穆、周的艺事就可以分出左右来啦。

赵砚奎一直傍着尚小云，人虽看着文秀，可是他的琴艺不务矜奇，自然苍劲，跟小云的铁嗓钢喉，相得益彰。张君秋虽然是李凌枫的徒弟，后来张腔流行大陆，大半都是赵砚奎给爱婿谱的新声。梨园行向来是意见分歧、颇难为理的，赵砚奎当选梨园公会会长，连选连任，一干就是十多年，足见赵在梨园行的人缘物望是如何啦。

陆五的胡琴跟孙佐臣是一个路子，手快音美。他伺候龚云甫的时候，彼此还有个商量，等给李多奎拉的时候，我怎么拉，你就得怎么唱，整得李多奎时常唉声叹气，等登台爨演，又少不了陆五那把胡琴来托，您说绝不绝？

赵喇嘛是个左撇子，据他说小时候学胡

琴，不知换了多少揆，左撇子始终没改过来。他既傍谭富英，又傍荀慧生，一刚一柔，他能够左宜右有。陈十二说赵喇嘛的胡琴："各适其指，妙如转圜，只是瞧着有点别扭而已。"倒是几句知人之言。

陈鸿寿，知道他的人不太多，可是他的胡琴拉得确实有真功夫。最先给王少楼操琴，少楼倒仓久久不能恢复，他就改为给票友说戏。汉口名票何友三，到北平拜鲍吉祥为师，花了若干现大洋，连出《南阳关》都没给说全，后来章筱珊给何介绍由陈鸿寿说，一年之内《鼎盛春秋》《红鬃烈马》不但说全，而且非常细腻。陈经何友三的誉扬，南票北来，都纷纷请陈鸿寿给说戏，他的收益反而比傍角儿进得多，这都是好心有好报的明证。

郭五专傍言菊朋，他是北平名医郭眉臣的胞侄。郭跟言大、言三是把兄弟，言氏兄弟没事就在郭家起腻。郭五手音好，腔记得快，因为整天跟菊朋在一块儿研究音韵腔调，所以言菊朋的"十八道弯""九腔十二转"怪腔怪调，只有郭五托起来能够从容不迫、包得严实。菊朋《骂殿》的"八大贤王"、《让徐州》的"未开言"，都是言、郭二人研究出来的杰作。郭五有一种少爷脾气，只傍言三。因为跟奚啸伯是发孩儿，所以有时给奚调调嗓子。言三去世他也封琴退隐，不弹此调了。

杨宝忠是杨小朵的长子，地道梨园世家。他原本唱老生，《骂曹》的"渔阳三挝"可算一绝。搭入杨小楼班，尚小云首演《摩登伽女》跳"天魔舞"，特约杨宝忠登台伴奏梵亚铃。不久他在王府井大街开了一家中华乐器社，胡琴与梵亚铃杂陈，丹皮羯鼓并列。文场弹弦子老手锡子刚说："宝忠喜欢玩弦乐，跟他唱老生，一个使竖劲，一个用横劲，胡琴拉好了，嗓子也完啦。"果然不多久，宝忠真的全回去啦。后来给马连良操琴，相辅相成，宾主非常融洽。不过宝忠的胡琴有一缺点，胡琴过门儿时常杂有西洋音味，故梨园行老辈人不大赞成。他有个外号叫"洋人"，就是说他有点里洋气的。

有一年，连良应黄金大戏院礼聘赴沪演唱，宝忠因家事缠身，无法随行，才换了李慕良。李倒是可造之材，不过太喜欢卖弄。上海几位资深琴票，批评李慕良玩意儿华而不实，可称允当。

梅兰芳从天乐园唱到文明茶园初期，都是由他伯父梅大琐操琴。后来梅大琐年老耳音失听，才换徐兰沅给拉。徐当年不但侍候过谭老板，而且对贾洪林、刘景然、余玉琴、杨小朵等生旦的唱腔都有研究。他的胡琴除了稳健之外，音妍韵美，托腔绮密，所以梅用了徐兰沅之后，终生没换过琴师。而徐兰沅自傍上梅兰芳之后，除乃弟碧云在平组班，为了壮其声势，他给拉了几场之外，终生也没傍别的角儿（陆素娟在平组班，班底配角文武场面，全用的是承华社原班人马，徐顾念同人生活，勉强拉了两三期）。

自从旦角儿唱时加上二胡，梅兰芳因为王凤卿的关系，用了王少卿。少卿小名叫"二片"，所以伶票两界都叫他二片。他除了给乃父凤卿、乃弟幼卿拉胡琴之外，专门给梅兰芳拉二胡。二片人长得白皙，衣饰丽都，台下人缘极佳。他头脑灵敏，对音韵能够钩深致远，梅的唱腔十之八九都是他的杰作。高亭公司给梅灌《太真外传》唱片时，一段反四平调，有两个过门儿，二片认为不满意，重灌四次之多，直到他满意为止，足证他对艺事的认真。

在台上他的二胡调门儿总比胡琴高一点点，好像二胡有点凌驾胡琴之上的趋势。他在台上有几样绝活儿，假如唱到紧要关头忽然断弦，他能用一根弦拉，让台下一时听不出来。拉二胡中途接弦不算稀奇，他给幼卿拉《落花园》中途胡琴断弦，让台下人替他捏了一把汗。真是艺高人胆大，他不慌不忙，眼疾手快能把弦接上，这是一般琴手所办不到的。

　　胡琴是由担、轴、筒、弓四大类，外加皮弦、码、马尾、千金组合而成。王少卿的胡琴担、轴、筒、弓都是百中选一，千中选一。担子的尺寸、竹节要长得合适，让出接弦地方不扎手。轴子镂花用六瓣纹，不用螺丝纹，免得松弦紧弦时咬手。筒子要圆而且要出刚音。他对筒子上所蒙蛇皮最讲究了，他的胡琴，绝不用蟒皮，他说锣鼓一震，蟒皮音就回去了，而且不能及远。他的胡琴都是交给琉璃厂东门一家叫"马良正"的胡琴铺给攒组起来的。他有二三十个空筒子放在马良正那里，明天有戏，今天现蒙，就拉个脆劲儿。他给凤二、幼卿拉一场戏，就换一个筒子。他最喜欢听刘宝全的大鼓，他有若干新腔，都是从大鼓腔里悟出来的。

　　孙老元有一把罗汉竹的胡琴，据说是慈禧皇太后上赏的。孙老元封琴退隐后，这把名琴就给王少卿了。孙老的胳膊长，所以他用的弓子也比别人用的长个一两寸，少卿用着可就不称手了。有一天他与马良正闲聊，发现有一只弓子上隐然有一只凸起的兰花影子，他立刻拴上马尾，跟他那把名琴配个珠联璧合。他说胡琴一定要用琴套，用棉绳抽紧套口，别在腰腿之间，一走一甩绝不打腿，让胡琴过过风，到了台上才能发出脆音，至于把胡琴放在皮匣里，让人瞧着好像西洋乐器似的，那叫"狗安粗角"（洋式）。大家都知道，他当时是指着杨宝忠说的。其实现在台湾伶票两界，有哪位还用胡琴套呀！

王少卿自从承受孙佐臣上赏那把胡琴，立刻做了一幅黄缎子琴套，自正屋北上墙，打了一座彩错金披的琴龛，偶或研出新腔，必定把御赐胡琴请下来，拉奏一番。有一年过年，有些同行至好到他家拜年，正赶上他跟太太发脾气。他养了不少水仙花，琴龛下面放着一张紫檀的半圆桌，他太太好心好意放了一盆水仙，他看见之后，愣说水仙花的水汽上升，影响了胡琴的音色。他家人有时背后叫他"二膘子"。他除了钻研琴艺外别无所好，每逢谱出一个新腔，他一高兴叫泰丰楼给做份清汤翅子来，一人独享，这就是他最大的嗜好了。

他在梨园是显赫世家，平时饮食服御又比较豪华，"文革"时期，当然难逃清算斗争的厄运。有人说他下放新疆焉耆，有人说他已在西安病故。总之他就是活着也年过古稀，想再听他清新婉转的琴声，只好求之于高亭、百代的老唱片了。

从杜夫人义演谈谈《朱砂痣》

　　二十世纪七十年代,京剧方面伶票两界,纷纷举行义演,杜月笙夫人姚谷香女士当时因事去了香港不在台北,未获参加,一直耿耿于怀。现在趁国剧学会筹募基金义演前夕加演一场,聊尽绵薄以偿夙愿,剧目定为《朱砂痣》。杜夫人自来台定居,虽然公演多次,但是因为腿疾关系,不便穿靴子,故粉墨登场,多演老旦。此次毅然以生角应工,艺循孙汪,肃括宏深,苍劲清越,元音钟吕,允属难得一聆雅奏。

　　《朱砂痣》当年在大陆,一句"借灯光暗地里观看姣娘",跟《斩黄袍》的"孤王酒醉桃花宫"，黄口小儿都能琅琅上口。尤其夜晚走黑道的人，越走心里越嘀咕，喊一嗓子"借灯光"，唱两句"桃花宫"，仿佛就心粗胆壮百邪不侵了。可惜来到台湾，从前人人能哼两句的戏，变成冷戏，渐渐就要失传了。

余生也晚，汪桂芬（外号汪大头）这出戏虽然听过，少年人喜欢听火炽的武戏，对于做表少、唱工多的汪派戏，小孩实在没有什么兴趣，所以现在想起来，印象实在太渺茫了。这出戏也是孙菊仙拿手戏之一，北平哈尔飞大戏院开幕那天，除了邀请名闻中外的赛金花剪彩之外，还特别请"老乡亲"孙菊仙登台罍演《朱砂痣》。当时孙老已年近九旬双耳重听，由其家人搀扶出台，仍由老搭档孙老元操琴，吴彩霞配江氏，札金奎配吴惠泉。彼时里子老生李鸣玉正在走红，本来约他为配，他一听是"老乡亲"赶紧逊谢不遑。事后李说老乡亲一声嘎调有如天马行空鹤唳九霄，他实在没有把握接得下来。札金奎嗓子吃高能唱唢呐，又有一点偏左，所以由札来应工了。谁知孙老元也患重听，全看嘴形托衬，几段唱腔有巧有拙，运用自如，居然唱托两者严丝合缝。言菊朋在台下直点头，说熟能生巧，老一辈的玩意儿学得瓷实，真是令人没话可说。言自视甚高，少所许可，对于孙的赞誉，当然是由衷之谈。

时慧宝唱法遵孙，人懒戏少，搭尚小云双庆社时总是把《雍凉关》《马鞍山》《戏迷传》《骂杨广》《朱砂痣》，这四五出戏轮流来唱。他自己认为《朱砂痣》最为得意，尤其"救你的急"一段如长江大河一泻千里，痛快淋漓，下戏之后能够多吃一张家常饼。虽然是句笑谈，也证明他对这出戏的珍视。

王凤卿是自命学汪的，凤二觉着《取帅印》《朱砂痣》两出戏都能得汪的神髓，每次唱到得意之处，能够自然而然地发出了脑后音（王又宸也认为唱《连营寨》"哭灵牌"一段反西皮能出脑后音）。凤卿晚年登台，胡琴用乃子少卿（乳名二片）伴奏。少卿是梅兰芳承华社场面上台柱子，善谱新腔，手音特佳，一把二胡跟徐兰沅的胡琴，红花绿叶相得益彰。少卿除了给乃父拉胡琴外，还傍乃弟幼卿。他的胡琴桶子有二三十个之多，一律交给乐器铺马良正代为保存，明天有戏，今天现蒙桶子上蛇皮，利用这股子脆劲震出刚音。有一天凤二唱《朱砂痣》，觉得那天嗓子特别痛快，一卯上，少卿当然在捏子上一使劲，不知道是马良正师傅的疏忽，还是蛇皮选得不匀称，忽然弦码跳井（蛇皮迸裂码儿脱落，术语叫"跳井"），幸亏月琴手陆香林带有胡琴，立刻接上，才免出丑，后来只要凤卿唱《朱砂痣》，少卿必定另带一把备用胡琴，这也是《朱砂痣》的趣话。因为杜夫人义演《朱砂痣》，想起了往事，所以顺便写出来聊供爱好京剧者的谈助。

谈谈《窦娥冤》

雅音小集演出的《窦娥冤》，是由孟瑶女士根据关汉卿杂剧原著改编的，衡度剧情分为《夜访》《逼婚》《害命》《公堂》《法场》《托兆》六场戏。《托兆》上魂子，郭小庄有《活捉》《负桂英》两戏的经验，驾轻就熟，行云流水，纡袖曃妆，自然胜任裕如。不过台湾剧本审查委员会认为戏剧是教忠教孝，天道好还，倡导善良风俗，所以把结尾剧情大幅改动，删去窦娥被斩，改为父女团圆，化悲剧为喜剧收场。这一改让我不禁想起程砚秋初演《金锁记》一段往事来了。

程砚秋的智囊团，当初把《六月雪》增

益头尾，改名《金锁记》的时候，最初是由业余编剧家李友庄（李鹤年长公子）执笔，再由樊云门、罗瘿公几位加以润色的。最初也是以关汉卿《感天动地窦娥冤》杂剧为蓝本。第一次响排，给尚小云编剧的清逸居士也莅临观赏，看完之后清逸居士认为，此剧虽有六月飞雪，亦难洗窦娥之冤、平观众之愤，但程、尚素不相犯，而清逸与樊山意见又时时相左，当面自未便有所建白，于是把自己意见告诉了袁伯夔。袁自命前清遗老，在居京颐养时期捧程入迷，跟樊、罗二人都有深厚交谊，经他的婉转陈说，才根据明代传奇作家叶宪祖的《金锁记》情节改成冤狱平反，父女夫妻大团圆终场。程在三庆园首演《金锁记》，《法场》一段把窦娥横罹冤酷，形容得苍凉珍瘁，唱白则情真语挚哀怨动人。当时北平戏园子还是男女分座，在场女座个个抽巾拭泪，男座也都眼红鼻酸。北大校花马珏说："我听《法场》一段，已经泪湿罗裳，如果沉冤难雪，殒命法场，回到家里，恐怕连晚饭都难下咽了。"

小庄此剧《夜访》情调的优美，《逼婚》的繁复扑跌，《公堂》受刑的身段，《法场》哀绝的唱做，小庄样样都优为之。最后一场从悲剧改为喜剧，虽然略去《托兆》的鬼魂戏，没法克展所出，可是以整个剧情来说，是尽美又尽善矣，她的呕心沥血不是没有代价的。

看电视《雁门关》忆往

京剧第十七次联合大公演，有一出全本《雁门关》。这种大群戏，当年除了内廷传差，或是大职务，等闲是很难攒得起来的。戏中佘太君、萧太后虽然都不是第一主角儿，可是这出以气势胜的群戏，如果饰太君、太后两个角儿撑不起来，就暗淡无光、听着不起劲儿啦！

从民国初年起，龚云甫、陈文启、罗福山、孙甫亭、玉静尘、李多奎都演过佘太君。龚出演《钓金龟》的康氏俨然就是老贫婆；演《雁门关》的佘太君，除了鬓丝暮霭，而且能把立言忠鲠、躬行踔厉的神情刻画出来。

卧云居士玉静尘自称曾经得过龚老悉心指点，所以演来大致不差。陈文启、孙甫亭演的只能说是勉强称职而已。罗福山可就差劲了，他本来面目鲞黑，把佘太君演成了《雌雄镖》的老婆婆凶悍不讲，简直把这个角儿给糟蹋啦。李多奎一向只知闭着眼睛苦唱，脸上毫无表情，当然这路表做都重的戏，对李来说简直不对工。佟五爷戏称李多奎是《水浒》里的"没面目"焦挺。我说，王少堂说《水浒》形容焦挺脑门子上长了一个软而且大的肉瘤，平时垂下来把眉眼都遮住，打架时百脉贲张，肉瘤立起来，所以他的外号叫"没面目"，把李多奎叫焦挺未免过于不伦吧！笑谈表过，且归正文。这次在文艺活动中心公演以谢景莘来反串，虽然有的地方稍嫌过火，可是环顾台北梨园行，除了谢又有哪位比他更适当呢！

有一年陈筱石（夔龙）制军在上海孟德兰路寓所做寿，戏提调派了一出《雁门关》，就是萧太后找不到适当人选。那时候正是上海名票陈小田嗓子最闲时,他在高亭公司灌有《落花园》等唱片八面,于是请他饰演萧太后。陈小田先是推三阻四,后来总算勉强答应。这出戏他唱得满弓满调,表做俱佳,敢情他的祖岳父李经畲跟陈德霖是老朋友,他在北平时,跟陈德霖学了不少玩意儿。

有一天陈小田在上海三星票房里说:"萧太后在《雁门关》里是戏胆,全出戏的好坏,'她'的影响最大。"他听丑行前辈迟子俊说,光绪年间内廷传差,有一出《雁门关》,本来是王瑶卿的碧莲公主,陈德霖的萧太后。临时陈德霖因为染上重感冒一字不出,递了请假牌子,本来应该由路玉珊代替陈德霖饰演萧太后,当时由于王瑶卿自告奋勇,于是改了王瑶卿。"这出戏前半部唱词虽然多了点,但大致跟《四郎探母》差不离儿。到了后半部,八郎哭城,都城御前会议,决定降宋,城门责女训婿,迎降请罪几场全是内心戏。说白要悔里带恨、柔中有刚，脸上带有腼愧凄凉、臬兀阿绚神情。老夫子（陈德霖）演来揣摩入微，无一不好。人家一夸陈德霖这出戏唱得好，王瑶卿心里就有点不舒服。那时虽然王瑶卿跟谭鑫培合作，红透半边天，可是他在梨园行班辈至少比陈要晚半辈。他一直认为陈只会唱，除了嗓子清脆，做表方面都不如他细腻周到。而他在第一舞台演过一次大职务戏《雁门关》萧太后之后，再跟陈老夫子细一比较，才体会出来老夫子就是老夫子，自己的道行比人家还差一大截儿呢！例如对四郎说：'把江山让给别人也饶不了你们。'双眉倒竖、严肃抑郁的表情，自己就做得不到家。都城迎降，看见青莲、碧莲联臂而来，一句'我把你们这两个大胆的丫头'，语音里有怨有恨，百感交萦，还有几分护犊子的意味在内，真亏老夫子不苟言笑的人，怎么琢磨出来的。宋军催斩杨家父子，急得萧太后斩也不是，不斩也不是，进退两难，听了佘太君唱'我儿她婿一般样，虎毒岂肯把子伤'两句散板，萧后两腮颤动，真是妙到秋毫，更证明老夫子对演技下功夫之深了。"这些话都是瑶卿由衷之言，不是自己人轻易不肯吐露，迟子俊的话当然不假。

有一年朱启钤家做寿，在那桐花园唱堂会，特请伦四爷（溥伦）做戏提调，他给攒了一出全本《雁门关》。王蕙芳、梅兰芳、兰蕙齐芳分饰青莲、碧莲公主，那时瑶卿已经塌中不能登台，他保举芙蓉草替他唱萧太后。在福寿堂吃饭，赵桐珊还不敢应，饭后瑶卿在福寿堂把戏里俏头，以及他从陈德霖处所获心得，一一说给芙蓉草、程玉菁听。芙蓉草对玩意儿还是真肯下工夫，那家花园一场戏唱下来，萧太后得好之多，不输梅、王，也奠定了芙蓉草后来在上海立足的基础。

后来我在上海黄金大戏院，听过一次封箱戏八本《雁门关》，程玉菁的萧太后。赵、程同时受教于瑶卿，程的演出，讲气势、表情，就远不及芙蓉草了。王铁瑛常说，她爸爸徒弟之中，以教程玉菁工夫下得最深，等于手把徒弟，而程玉菁偏偏最不成材，所以她给程师哥起了个外号叫"笨骡子"。可见唱戏除了多下功夫，还要有天分，否则是没法出人头地的。现在台湾的京剧，日见式微，能够攒出一出中规中矩的八本《雁门关》，已经是难能可贵了。纵或有些小地方欠妥，谁还忍心去苛责呢！

《巴骆和》忆往

　　笔者最爱到台视看京剧录像，第一，时间经济，没有前场垫戏；第二，角色硬挣，集军中剧团之精英，红花绿叶各尽其妙。前几天台视有李环春、杨莲英的《巴骆和》录像，特地前往观赏，在开录之前，跟几位老戏迷谈到早年几出精彩的《巴骆和》，现在写出来聊博大家一粲。

　　前清贝勒载涛，对于京剧是颇有研究的，不但会听，而且能演，登台纍演武功把子，颇有独到之处。他记得："有一年清室近支王公在北平什刹海会贤堂给大公主祝寿，大公主点了一出《酸枣岭》(《刺巴杰》《巴骆和》）。当时同庆班的占行贯紫林、王成班的田际云演马金定都很拿手，同庆武生有瑞德宝，武丑有张四虎，武净有许德义、范福泰；王成武生有李吉瑞，武丑有郑铁棍，武净有李连仲、何佩亭，可以说双方都是人才济济，旗鼓相当。这种堂会戏不但可以多挣戏份儿，碰巧还有外赏，又有面子，于是贯、田两人都向戏提调请求，准予登台效力把这个戏码给他唱。戏提调在左右为难之下，想出一个办法，把这出《巴骆和》改为双演，前后场骆宏勋由瑞德宝上，中场归李吉瑞。李虽然只上一场，为了较劲，他把'坐至在招商店'一段二黄散板铆足了劲增为八句，比他拿手的《独木关》唱来还要精彩。贯紫林前场'马金定搜店'一场，跟胡理磕缠闪靠，打得是严丝合缝，两人斗嘴，盖口更是无懈可击，加上张四虎挤鼻子弄眼儿，腮帮子乱哆嗦，完全是跟田际云、郑铁棍别苗头；后场"灵堂"，说白清脆嘹亮，临时撒泼抓哏堪称一绝，加上郑铁棍的蹑蹀腾趯，五官异位眉眼乱颤的绝技，大公主一高兴赏了八块打簧金表，让他们去分。当时许德义饰鲍自安，刚出道不久，他们有时提起这段往事，还眉飞色舞，兴奋得不得了呢！"

北洋时期河南巩县兵工厂厂长蒋梓舒，给他母太夫人做八十正寿，在织云公所唱堂会，戏提调是政界有名的甘草夜壶张三。杨、余跟四大名旦固然网罗无遗，就连坤角雪艳琴、碧云霞、琴雪芳、金少梅也一个不少。夜壶张三前场给安排一出"双刺巴杰"，由阎岚秋、朱桂芳分饰前后马金定。哪知当时程砚秋跟荣蝶仙还没完全脱离关系，"请吃知"（早年办喜庆事，弟兄凡是有职务的，都要请大家好好吃一餐叫"请吃知"）程砚秋是由师傅荣蝶仙代表参加的，席间他知道有一出阎、朱两人的《巴骆和》，他当面向夜壶张三请求他也加入，演马金定，这下可把夜壶张三难住了，当场唯唯诺诺没成定局。

因为这出戏，戏码不大，无法容纳三个巴九奶奶，可是又不愿意得罪他，免得在砚秋身上杀气出孤丁，万般无奈还是警界闻人吉世安、延少白两位脑筋动得快，直接跟荣说，本家指明阎、朱这出《巴骆和》，马金定要上跷唱，您向来是以刀马旦应工，从未踩过寸子，又何必趟这档子浑水呢！为了给他圆这场面子，特地给他安排了一出《东昌府》的郝素玉，尚和王配关小西，侯喜瑞配金大力，侯、荣二人向来是开玩笑惯了的，两人在台上撕掳得鬓歪帽斜，大家为了一出半真半假的摔跤，非常好玩。过了两天，张醉丐在《实报》上连损带挖苦说，年头改良，马金定从大脚老婆，怎么变成三寸金莲了，后来经景孤血跟他说明是抵制荣蝶仙这段原委，他才恍然大悟，巴九奶奶上跷，恐怕也成为空前绝后的戏了。

抗战之前，有一年岁暮，上海名画家张书旂、郑午昌两位联袂到北平来，打算在新年逛厂甸，趸摸几件冷门字画。笔者请他们在厚德福便饭，张、郑跟尚小云很熟，于是约了小云、富霞昆仲陪客，当晚小云在中和唱封箱戏，是《双官诰》《巴骆和》。饭后大家信步西行，经过廊房头条一家便鞋店美丽华，小云在店里订做了一双白缎子尖口绣花皮底便鞋，原本是准备饰巴九奶奶穿的，当然顺便取回，免得跟包再跑一趟。我当时还告诉柜上伙计新鞋底滑，用刀子在鞋底划几下免得上台打滑。等入座听戏，中和园翻造后台面很低，我们一行都坐在第一排，稍偏下场门那边。因为那天是封箱戏，小云也特别铆上，"搜店"前一场走边，飞天十响拍完，最后一个飞脚，哪知势子太猛，新鞋底滑，一个收不住，整个人掉下台来。正好摔在我跟郑午昌座位之间，我俩一使劲，居然把他又举回台上，就是这个地方，看出人家舞台经验老到啦！回到台上，脸不红，气不涌，跟饰胡理的傅小山连说带比画，居然像没事人儿似的，把这出戏给唱下来。第二天《立言报》记者吴宗祜来了一段"《刺巴杰》空中飞人"，虽然不算挖苦，可也够受的，从此小云再唱这出戏，也换穿彩靴子，再也不敢穿皮底绣花鞋啦！

毛世来在快出科时跟叶盛章的《刺巴杰》可算一绝，两人开打以快打快，点水不漏，在"搜店"时，九奶奶两次掷刀都翻得高、地方准，胡理迎门三刀，不管世来头多低，躲得多快，刀锋里都会挑下一两朵鬓花来。有一次躲得慢了点儿，下了装一看，隔着大头水钻，居然鬓角还斫血印了。本来小师弟给大师哥配戏，就有点发怵，加上盛章刀出如风毫不留情，更显得巴九奶奶小可怜似的。毛世来背后跟人说："台下看着这出戏合情合理，非常入戏，可是我每次总是捏着一把汗呢。"有一年盛章、世善、世来，都在上海，福星面粉厂孙经理给他老太太做七旬大寿，特烦盛章、世来两人的《刺巴杰》，世来推说感冒发烧，改请世善也借故推掉，后来换了宋德珠饰演巴九奶奶。下装一看，宋德珠两只手都受了轻伤，他才了然富连成把子打得快，不是浪得虚名的。讲武功固然比不了家学渊源的阎世善，就连毛五儿的以快打快，也不含糊呢！

这次台视国剧录像《巴骆和》杨莲英的马金定穿彩靴子，舞台地毯又厚，当然空中飞人的好戏不会重演。好在划票小姐宁愿让前三排空着，座位是从后座往前座划，大概是怕刀枪无眼，怕坐得太前，会磕着碰着，让顾客跟舞台保持相当距离以策安全吧！

从龚云甫想起几位老旦

　　《国剧月刊》第七十九期登有一篇《回忆龚云甫》，让我想起了当年若干老旦行往事。笔者从小就是戏迷，对于老旦、老脸、小丑、小生犹有偏爱。龚云甫是玉器行票友下海，早期戏单只写龚处而不标出他的大名，一方面是恭维他，另一方面表示他是票友下海。龚老天生是一种慈祥俊迈老婆婆型，他冬天皮帽子皮大衣围脖子一围，活脱儿像个老太太。扮起《钓金龟》的康氏，就是个老贫婆；扮起《辞朝》的太后，就是元勋命妇，虽非绝后，至少是空前。比他稍微早一点有个谢宝云（外号叫"谢一句"）扮相能富贵而不能贫贱，每出戏只要一个满堂彩，其余就敷衍了事啦，和龚老从出场一直卯到底的敬业精神，那就没法相比了。有一年兰芳在开明贴《六月雪》（又名《斩窦娥》），特烦龚老的老婆婆，三九天又赶上下大雪，龚老重感冒发高烧，他把郭仲衡找到后台给他打针吃药，到了场上一丝不苟，感动得兰芳直掉眼泪，下了装亲送龚老回家，马上又找出一只吉林老山人参给龚老送去补补中气。这些举措足证早年梨园行情谊是多么淳朴敦厚。

票友松介眉、玉静尘（卧云居士先票友后下海）都给龚云甫磕过头，所以龚老对他俩都是爱护有加。松介眉天赋虽非上驷，可是他对技艺能够钻研不舍，持之以恒，永远保持票友风度，不撒红票，不拿黑杵，玩意儿中规中矩不离大谱。玉静尘绝顶聪明，扮相雍容，嗓筒受听，学玩意儿碰爷高兴，一出《长寿星》云彩苍勃，吐字亮拔，不作第二人想，后来因为困于烟霞，抗战末期下海搭班，终至抑郁以终，非常可惜。

陈文启也是一位能富贵不能贫贱的老旦。文启实大声洪，凝光琬琰，《雁门关》的太君是他拿手活，让他来个《游六殿》就显出不十分对了啦。

李多奎有一条好嗓子，曾经拜过龚云甫，可是他自以为是的地方太多，后来龚也就不尽心指点了。李的胡琴是陆五，手音道劲，是孙老元后第一人，上得台去，一个闭着眼猛唱，一个低着头猛拉。袁项城的女婿薛观澜说："李多奎有一出戏比龚云甫都好，那就是'天齐庙、断后、龙袍'，李宸妃双目失明，李多奎横竖是闭着眼明唱，跟真瞎子一样。"后来传到李多奎耳朵里，闭眼的毛病倒是改了不少，可是一唱大段戏，老毛病还是改不了。他是半路出家，所以脸上身上都没戏，因此他搭班，只能唱单挑的几出老旦戏。当年程砚秋的四大金刚王又荃、文亮臣、吴富琴、曾连孝背叛了他，改傍新艳秋，程四极想拉拢李多奎加入秋声社，虽然出重金，李多奎始终不肯点头。后来李多奎跟人说，程四爷尽是私房本戏，我这老八板的玩意儿只能唱前场单挑戏，让我天天跟他排本戏，实在力有未逮，所以他不愿给人做挎刀老旦。李多奎水音特佳，听说他最喜欢泡澡堂子，每天在大池子连喊带吊，论水音那是谁也比不了的。"红卫兵"造反，他那宁折不弯的性子，是不会有什么便宜的，近两年也打听不出他的消息，据梨园行人说，他在"红卫兵"造反时，已魂归天国了。

丑行头郭春山跟我说过，老旦罗福山原来是唱开口跳的，因为有嗓子，时常客串老旦，本来谭鑫培唱《天雷报》，必定是请慈瑞泉客串姥姥。有一次老谭贴出《青风亭》，慈瑞泉得了重感冒，爬不起炕来。救场如救火，罗福山自告奋勇，把慈瑞泉的戏给接下来，虽然是现钻锅，居然跟老谭配合得严丝合缝，有此肇因，才激发他改行唱老旦。早年罗福山唱《得意缘·干戈祖饯》，耍起大棍来，使出浑身解数，还能落个满堂好呢！他最大缺点是面目黧黑，扮相太差，所以不能大红大紫。孙甫亭一直傍着荀慧生，荀的本戏都有他的份儿。黄桂秋在北平唱《春秋配》，一定是孙甫亭的乳娘，他说孙甫亭配戏盖口严谨，"打柴"一场站的地方，非常合适，盖口又严，所以旦角唱起就舒服多啦。

文亮臣也是票友下海，后来傍上程砚秋，一些老旦单挑的戏就全搁下了。文的脸上长满了葡萄坑的小麻子，俗名橘皮脸，扮起来活像积世老婆婆，下台之后说话动作慢条斯理，也像一个老妈妈，同行背后都叫他文老太婆。他给砚秋配戏从没误过事，后来秋声社四大金刚集体投奔新艳秋，程四把个王又荃恨得牙痒痒，唯独对文亮臣未出一句怨言。可惜好景不长，新艳秋遭了官司，戏班报散，文亮臣也就改行做小买卖啦。

来台之后只听得杜夫人唱了两出满弓满

调的老旦戏，盛世元音，堪为下一代的楷模。现在各剧团，虽也培植了几位坤角新秀，可是都是雌音太重中气不足，遇到大段唱工，很有点替她们提心吊胆的感觉。至于几位男老旦上得台去随随便便，完全以交代公事为目的，想起当年龚老发高烧到三十九度仍旧咬着牙登台，那种敬业精神，相去就不可以道里计了。

北平梨园三大名妈

近年来凡是有点名气的歌星或影星都有一位星妈跟出跟进，星妈们照顾明星的饮食起居，帮忙化妆，整理服饰，母女贴心总比外人来得细心周到，原属未可厚非。可是有些星妈跻身名妈之林后，不但公然自居明星的经纪人，甚至在言谈举止上，处处都要摆出皇太后姿态来。有位娱乐界的朋友说："如今三百六十行之外，又添了星妈这一行了。"

其实星妈这一行，早在二十世纪以前，北平梨园行就有了这种行当，不过不叫"星妈"，而叫"名妈"而已。

当年北平第一号名妈要算福大奶奶，福

大奶奶在旗，青年孀居，只生一女就是梅兰芳继配福芝芳。福大奶奶牛高马大，嗓音洪亮而且辩才无碍，发卷盘在头顶上，可又不像旗髻，喜欢穿旗袍坎肩马褂，跟当时蒙古喀喇王福晋同样打扮，市井好事之徒给她起了一个绰号叫"福中堂"。福芝芳初露头角，是在北平香厂新世界大京班唱倒第三出，她颇有母风，身量高嗓子冲。有一些大学生组织了一个"留芳小集"，天天到新世界去捧场，福大奶奶把那帮人敷衍得很周到，报纸上天天可以看到捧福芝芳的诗词文章，所以在新世界除了金少梅，福芝芳渐渐就混成角儿了。

　　福芝芳天天上园子是坐包月的玻璃篷马车，当然是母女同车，既能做伴又尽保护之责。有一些无聊的捧角家，渴欲望见颜色一倾衷曲，可是又怕福芝芳有母如虎，谁也不敢招惹。后来有人想出高招，写情书往马车里扔。起初福大奶奶尚没加以理会，不久变成不堪入目的裸照春宫，这下可把福大奶奶惹翻了。她不坐马车里面，而是更上一层，跟赶马车的并肩而坐，手持长鞭，看见有人靠近马车只要往车里一掷东西，她就长鞭一挥，抽得人鼠窜而逃，从此"福中堂"大名算是叫响了。

　　盛京将军三多（六桥）自东北交卸返平，因为他的西斜街的新居尚未完工，他深爱舍间别院双藤老屋翠云嘉阴、雅韵清凉，就借来暂住。后来新屋落成，全眷迁入。六桥先生长公子舒铎兄时在农商部供职，舍间跟农商部咫尺芳邻，为了趋公方便，所以他跟一位幕友金巨川仍住舍间。舒铎在偶然机会认识了福芝芳，对她的色艺极为欣赏，听歌捧场，手面阔绰大方。福大奶奶细心打听之下，才知张是世家公子（舒铎是蒙古镶白旗，汉姓张），文采风流，而且无不良嗜好，于是使出全身解数，很想让张舒铎早点量珠载去。因为当时中国银行总裁冯六爷耿光，自从梅兰芳原配王氏病故后，正在给兰芳物色佳偶，想给梅福两人撮合。在福芝芳能配玉人，心里自然十分情愿。可是福大奶奶看法可就不同啦，她知道兰芳赋性忠厚老成，梅的财权完全被冯六爷掌握，虽然家大业大，等于守着饼挨饿，所以对这桩婚事，从心眼儿里反对，如果福芝芳能够于归张氏，就可以摆脱冯的纠缠了。

恰巧福芝芳跟冯蕙林新学《女起解》，还没露过，张舒铎朋友们一起哄，叫了一桌泰丰楼酒席，就在舍间客厅用围帘隔出上下场门，加铺一张地毯算是舞台范围，唱了一出软包堂会《女起解》，由一斗丑配崇公道。新声初试，而且近在咫尺，意境跟台上台下又自不同。从此每隔一两个月，凡是福芝芳学会一出新戏，张舒铎总要假座舍间先唱一次软包，等于响排，然后登台飙演。后来三六桥恐怕乃子沉迷声色，耽误前程，想法调往武汉工作。福大奶奶大失所望，又扭不过人情面子，加上银弹诱人，答应把女儿嫁给小梅。不过有一条件，就是梅家财权要归她女儿掌管。后来福芝芳嫁给兰芳，发现梅的财产全是银行股票，通通归冯六爷保管，福大奶奶天天逼着兰芳实践诺言，陆续把股票收回；从此福、冯结怨甚深，最后才演凤戏龙，兰芳偷娶孟小冬的闹剧。

梅兰芳赴美公演时，福芝芳正有孕在身，梅原打算带孟小冬到美国观光一番，谁知被福大奶奶窥知个中秘密，愣让福芝芳挺着大肚子送兰芳登上总统号邮船，看着邮船启碇，才乘渡轮上岸。害得孟小冬空欢喜一场。这些都是那位名妈的杰作。最近传闻福芝芳今年二月间病故，她那位名妈遥想更是早离尘世，想起当年她周旋应对，面面俱到，尽管爱财如命，可是当面绝不令人难堪的词令手段，名妈一词确实当之无愧。

第二位名妈要算尚小云的母亲。尚小云有人说他是清初三藩尚可喜的后裔，不过等小云出世，家里已经贫无立锥，乃母靠着换肥得籽儿维生了。这个行当是北平贫苦无依妇女们的专业，每天早晚沿街吆喝，谁家有破布碎纸、玻璃瓶子、洋铁罐儿，她们都可以接受换些肥得籽儿，或是丹凤红头火柴。说到肥得籽儿，就是在大陆，已经若干年没人使用了，现在年轻朋友不但没见过，可能连听都没听说过，现在梨园行管梳头桌的师傅们，如果是从大陆来的，占行贴片子，大家都还用过肥得籽儿。尚老太太就是以此糊口。等到小云长到十岁左右，长得虽然眉清目秀，可是生活越过越艰难，万般无奈，乃经人介绍，就把小云典给那王府当书童了。

小云做事便捷伶俐，颇得那王府上下的欢心，可是他有个毛病，整天到晚喜欢哼哼唧唧唱个不停。那王看他是个唱戏的材料，于是把尚老太太找来，说明典价不要，把小云送到戏班学戏，问她愿意不愿意。尚老太太一琢磨，当王府书童将来不见得有什么大出息，如果在戏班里唱红，他们母子可就有了出头之日了，不过她有个要求，就是小云身子赢弱，最好让他学武生，锻炼一下身体。戏班的学生，本来是由教师们量才器使，决定归哪一工，现在由那王保荐指定学武生，当然照样无误，所以后来尚小云在四大名旦中武工最扎实，唱《杀四门》《竹林计》《刺巴杰》能打能翻，唱大义务戏反串《溪皇庄》，《蜡庙》开打火炽勇猛，梅、程他们都自愧不如，这都是尚老太太让他学武生扎下的根基。尚老太太对于那王府感恩戴德毕生不忘，她对那王跟福晋的寿诞记得最清楚，总是在生日前一个月就撺掇小云去趟那王府攒一档子堂会戏。他有新排尚未公演的戏，总是在那王府先露，而且纯粹孝敬，分文不收。

尚小云琴师赵砚奎为人四海圆到，又得尚小云的支持，所以做了五六任梨园公会会长。赵砚奎一到尚家来研究唱腔或是吊嗓子，尚老太太必定出来跟赵砚奎聊聊，凡是听到同行有疾病死亡，总是解囊相助。尚小云在梨园行博得"尚五十"善名，就是只要梨园行朋友登门求助，最少是五十元出手，彼时一袋洋面三块二毛，五十元可真不菲了。尚老太太常说："咱们当年穷苦无依，知道穷人的苦处，现在托老天爷的福，有碗舒心饭吃，只要力之所及，就应当多帮帮贫苦人的忙。"所以尚老太太故后，身后哀乐比起谭鑫培出殡的风光，也未遑多让呢！

吴素秋的母亲吴温如跟马连良同号而不同姓，在北平梨园行也是名妈中佼佼者。吴素秋考入北平戏曲学校学戏，取名玉蕴，跟戏校四块玉（侯玉兰、李玉茹、白玉薇、李玉芝）同期习艺。吴温如把女儿送入戏校，就胸怀大志，矢志要女儿出类拔萃成个名角，所以每逢歇官工，总会请素秋的老师们到家里来吃喝招待。诸如芙蓉草、律佩芳、沉三玉、阎岚亭对吴素秋都特别关照，指点上不厌其烦细腻认真，吴素秋也能勤学苦练，所以她在玉字辈里成为渐露头角人物。不料好景不长，吴素秋跟王和霖发生了桃色纠纷，彼时王和霖在戏校是当家老生，如果开除，对戏校的实习公演影响太大，权衡利害，以记过了事，且角方面有四块玉当前，吴素秋就受到勒令退学的处分了。有人怂恿吴温如以处分不公跟戏曲学校大闹一通，吴温如颇识大体，认为这种不名誉的事，吵闹到最后，还是自己吃亏，何况民不斗官，自己女儿也不能说没有错呢！

女儿既已投身梨园，天分又不错，不如从梨园这条道一直走下去，于是吴玉蕴改名吴素秋蹑头觅脑拜在尚小云门下。起初小云因为戏校校长金仲荪跟程砚秋交非泛泛，而砚秋又是戏校常董，恐怕引起误会，不敢收这位女徒弟。吴温如于是又施展她八面玲珑的手腕，取得金仲荪的承诺，再加上整天跟尚老太太磨烦，小云迫不得已才正式拜师收徒。一个认真教，一个用功学，所以过了不久，吴素秋就在她能干的名妈东奔西走努力之下自己挑班唱戏，一出《义勇白夫人》文武不挡，唱做俱佳，奠定了后来跟童芷苓平分秋色的局面。吴素秋在天津中国大戏院演戏时住颐中大饭店，而吴温如为了节省园子里开支，到天津总住元兴旅馆。这位名妈经常跟梨园行的经励科打交道，经励科最难缠的人是外号李鸟儿的李华亭，为人阴毒狠辣兼而有之，李常跟人说："天不怕，地不怕，就怕吴温如说了话，吴办交涉从来不说一句不在理上的话，她用大理把您那么一局，您有什么高招也使不出来了。"

从李鸟儿这一番话，这位名妈的道行有多高，就可想而知啦。现在星妈多如过江之鲫，跟从前名妈一比，虽然在钱上都很认真，可是从谈吐处世分寸来讲，那就大有今不如昔之感了。

言菊朋的凄凉下场

前几天言慧珠的嫡传弟子张至云，和一些老朋友凑在一块儿，谈来谈去，就从言少朋、言慧珠谈到言菊朋身上来了。

陈定山先生说："言菊朋初期，饮誉之盛是超过余叔岩的。"这句话一点不假。言菊朋民国初年没下海时期，笔者在北平福寿堂听他跟尚小云唱《汾河湾》，"家住绛州县龙门"，一句倒板用真嗓儿挑起来唱，神满气足满工满调，余叔岩跟张伯驹坐在台下听戏，亦不觉击节称赏，自叹不如。

菊朋下海之后初次南下，跟梅兰芳同时在共舞台演出，特请琴票圣手陈十二彦衡操琴。此时菊朋艺事正是巅峰状态，加上上海几位老谭迷力捧，声名大噪。菊朋沾沾自喜之余，又犯了狗熊脾气，跟陈十二闹得不欢而散。期满回到北平，琴师换了郭少眉（郭眉臣的侄子，人都叫他郭五），表示杯葛陈十二，自创新腔，主张以腔就字。后来他唱《骂殿》的"八大贤王"，《让徐州》的"未开言"，疙瘩腔、"十八道弯"越唱越怪，除了郭少眉跟他整天耳鬓厮磨能托得严实外，梨园行几把名琴，人人摇头，谁也不敢伺候言三爷。言把老谭分成新旧谭派，自命旧谭派传人，言谈动作，处处都要模仿谭叫天。老谭有闻鼻烟的嗜好，他也得弄一只"辛家皮"的鼻烟壶揣在怀里，没事就掏出来闻一鼻子。所以一进戏房扮戏，也要学老谭先洗鼻子。菊朋天生西字脸（短而宽），所以他戴的高方巾特地做得高一点，髯口特别短。有些刻薄人说他高帽子、宽脸子、短胡子、洗鼻子，外带装孙子，给他起名"言五子"，可算刻薄极了。

菊朋唱戏有一特长，无论唱腔怎样转腰子，可是绝不倒字。因此又有人给他起了另外一个绰号，叫他"五方元音"。他最瞧不起马连良，说他贫腔俗调满嘴倒字，极所不齿。言菊朋跟他的夫人高逸安，从洞房之夜起，就发生了裂痕。据初期跟梅兰芳合作的名须生孟小如跟我说："言、高花烛之夜，按满洲规矩新娘盘腿坐在炕上不下地行走。夜阑人散，菊朋进入洞房，一挑盖头，赫然发现新娘有腔无头，人头放在两膝之间，他一惊而厥。等还醒过来，又怕是自己眼岔，秘不告人。因此却扇之夕，并未合卺。"

　　后来少朋兄妹出生，夫妻二人始终貌合神离，分道扬镳，各有所欢。高逸安在北平名女人堆里，混出点小名堂来，也是韵事频传。后来高逸安索性加入电影圈子，在北平跟洪深拍了一部《北平春梦》，言、高两人从此决裂更甚，彼此都坚决表示要离婚。后来经亲友们调停暂赋分居，子女依父依母各随所欲。

少朋自幼对京剧耳濡目染，兴趣甚浓，不过对乃父以腔就字、句妍韵正、郁律苍凉的唱法极其反感；倒是对马连良衣饰都丽、清道飘逸的作风倍加倾倒，心追口摹，而且笔录札记。大家也给他起了一个外号，叫"马连良的背影儿"。他几次想偷偷拜在马的门下，连良知菊朋执拗寒酸，不肯点头。后来实在受不了少朋的穷磨，只好录为记名弟子。菊朋是最讲究四声阴阳吐字的，大丈夫难免妻不贤子不肖，贤如尧舜尚有丹朱。不过自己儿子不争气，偏偏要拜倒字最多的马大舌头，实在令老父难以释怀，这是他亲自对好友大律师桑多罗说的。

菊朋平素对一对宝贝女儿慧珠、慧兰极为钟爱。可是言氏姊妹爱慕虚荣，崇尚时髦，交了几个手帕交，都是交际丛里名媛、风月场中高手。这些人混在一起搔首弄姿，争风吃醋，丑事频传。菊朋是个古板人，看不惯女儿这种大胆作风，管又没人肯听，只好单枪匹马，应聘到上海一面唱戏一面躲静。谁知冤家路窄，慧珠也打着"梅门高足"的旗号到上海来演唱。要说慧珠是梅门高足，倒也不是毫不沾边，不过她的玩意儿，十之八九是朱桂芳传授，梅老板偶或指点指点而已。慧珠甚至说连梅的时装戏《邓霞姑》都会一节。梅时装戏仅有《邓霞姑》《一缕麻》两剧，《邓》剧程继先饰姑子，梅认为是戏中败笔，在文明茶园、吉祥园各演一次，即挂起绝口不谈，言说会此戏恐非实情。慧珠扮相虽然不算妩媚姣冶，不过艳装刻饰之后，倒也柔曼修娉，加上人极聪颖，唱腔武功都还不弱，于是在上海一炮而红。

菊朋一看在上海唱不过女儿，于是躲到南京去唱。心里一窝囊，嗓子越发不济事，全凭假嗓鬼音来对付。后来上海名票大律师鄂吕工，有事到芜湖去调查案子，听菊朋唱《连营寨》（带《白帝城》）病榻弥留气若游丝，怛恻凄凉，简直哭了起来。回到上海把乃父偃蹇抑郁、穷愁凄苦情形，告诉了慧珠。总算慧珠姊妹还念父女之情，赶到芜湖，把老父接回上海，从此隐息。红毡毯上，再也没听见过言腔言调。偶或慧珠唱《十八扯》来个一赶三的《二进宫》，或来段《让徐州》，倒也可以乱真。

听说后来言慧珠嫁了江南俞五。又听说她自缢身亡。远道传闻真相难辨，张至云女士既然跟慧珠有师生之谊，所知慧珠一切，总比传闻来得真切。

看了两出过瘾的戏

在大陆时候，笔者跟名票孟广亨、赵仲安是听戏的老搭档，听完了戏总要相互问一问过瘾了没有。所谓过瘾是武场打得严，文场托得严，角儿在台上盖口严，有此三者，再加上名角良配，这出戏让我们来听，就算是过瘾啦。

近些年笔者在南部时候多，北部时候少，南部演京剧是百年不遇的事，更谈不上戏的好坏过瘾不过瘾啦。

这次大鹏国剧队，在文艺活动中心公演十天，第一天是《小放牛》《贺后骂殿》《采花赶府》《南天门》四出戏，不但戏的安排冷热得当，而且角色的调配也是红花绿叶，相得益彰，戏提调是费过一番心思的。

开场《小放牛》杜匡稷饰牧童，杨莲英饰村女，因为戏码多，所以抹去了不少戏词，可是唱做仍然丝毫不苟，不但没有嘻呵带喘、力竭声嘶、四句只唱两句、让台下观众替他们提心吊胆的感觉，反而载歌载舞，精力充沛，舞得是细腻有致，唱得是字字入耳。因为杨杜二人，一是武丑，一是武旦，武功瓷实，脚底下稳练，才能珠联璧合。尤其是笛子吹奏严丝合缝，比起当年九阵风、王长林来也未遑多让，在我来说，可列入来台所听京剧过瘾戏之一。

《采花赶府》，就目前来说，听过这出戏的恐怕不太多，能唱这出戏的恐怕也寥寥无几，可以算是冷戏，从前名伶路三宝最喜欢这出戏。他认为花旦必定要跷工好，这出戏"采花"一场，弯腰矬步在在都需要好跷工，这跟《小上坟》一样，都是花旦的跷工戏。

1358

而且他唱这出戏绝不偷懒，一定是上硬跷。给他配张存古的不是札金奎就是甄洪奎。甄唱诙谐老生是一绝，《翠屏山》的杨雄，《妓女擒贼》的大人，懈怠稀松，不温不火，的确是位良配。只在"采花"一场唱百花名，做出种种身段调笑尚书，而尚书左避右躲，还让文艳耍得个不亦乐乎，这时候耍眼神，使身段，并不专以拈花的手法来取悦观众也。

钮方雨演这出戏，听说只练二十多天，虽然细腻稳练方面尚欠火候，可是身段、眼神、走浪步都还大致不差，至于戏词唱腔以及胡琴的托腔，比起老年间的唱腔胡琴就今胜于昔了。钮方雨演这出戏时的衣着是大红袄裤、白缎子绣花坎肩，红白对比在强烈灯光映照之下，拈花时做手彩，容易让台下一目了然戏法拆穿。下次再演，如果换一件颜色略深的坎肩，可能效果要好一点。总之以上两出戏，在近几年台湾的京剧来说，都算是过瘾的好戏了。

跷　乘

京剧里有若干特技，例如打出手、勾脸谱、吃火、喷火、耍牙、踩跷，都是其他国家歌舞剧里没有的，只有踩跷跟芭蕾舞同样用脚尖回旋踢荡，比较近似而已。

京剧里旦角踩跷，梨园行术语叫"踩寸子"，是最难练的一种特技，没有三冬两夏苦练的幼功，想把寸子踩得轻盈俏丽婀娜多姿，那是不可能的。当年老伶工侯俊山（艺名十三旦）曾经说过："踩寸子是旦角前辈魏长生发明的，流风所及，后来旦角变成扮相、做表、跷功并重无旦不跷的情形。科班出身的武旦、花旦，都要经过上跷的严格训练，不论严寒盛暑，由朝至暮，都要绑上跷苦练，要练到走平地不耸肩不摆手，步履自然，进一步站三脚。站三脚是二尺高三条腿的长条凳，绑好跷挺胸平视，不倚不靠，一站就是一二十分钟。到了冬季要在坚而且滑的冰上跑圆场，耗跷功夫做得越瓷实，将来上台跷功越好看。跷功稳健之后，进而练习武功步法，还要顾及身段边式（漂亮的意思），那比练武功打把子就更为艰苦细腻啦。"练跷的人腿腕脚趾，既要柔曼，还要刚健，如果没有刚柔相济的条件，跷是踩不好的。旦角一代宗师王瑶卿，就是因为腿腕力弱，不适宜踩跷，而创造所谓花衫子改穿彩鞋彩靴的。

早年的旦角只分青衣、花旦两类，青衣以唱念为主，花旦以说白做打当先，后来因为武打扑跌容易弄坏了嗓子，花旦虽然重在念做，可是总也得唱两句受听才行，于是又分出武旦这一行。凡是跷功好，把子瓷实的归工武旦；擅长做表念白，泃丽涵秀的归工花旦。此后花旦、武旦就慢慢分家了。

当年打出手，以武旦朱文英最有名，他是朱桂芳的父亲（台视国剧社箱官朱世奎祖父）。朱又名四十，他的打手干净利落，又稳又准很少在台上掉家伙。只手拈鞭，更是一绝，手法技巧横出，戗翼潜麟极少重样，踩着寸子来踢鞭，鞭硬而短，又没弹性，前踢后勾，那比踢花枪在准头上，就难易可知了。余生也晚，只是听诸传闻，未能亲见。

跷分文跷、武跷，又叫软跷、硬跷，尺寸大小，宽窄跷型都有规定，不能随意更改。当年刘赶三唱《探亲家》骑真驴登台，而且踩跷，他那对跷长度足有五寸，同行跟他开玩笑，说他踩的是婆子跷。按照早年规矩，花旦一定要踩硬跷，武旦才能踩软跷呢！文跷耸直，武跷平斜，其中难易可想而知。来到台湾三十多年，军中剧校倒是培植出不少武旦隽才，坐科时有老师的循循善诱，都能中规中矩，可是一出科搭班，就我行我素，任便自由。《拾玉镯》的孙玉姣，《青石山》的九尾仙狐都不上跷，长此下去，何忍卒言。

老辈名伶中余玉琴、田桂凤、路三宝、杨小朵、十三旦都是以跷功稳练细腻著称的，剧评家汪侠公听过余庄儿（玉琴）唱《儿女英雄传》的何玉凤，不但上跷，而且施展了从台上翻下台的武功绝活，若不是跷功挺健，尺寸拿稳准，池子里岂不是一阵大乱。

有一年冬令救济窝窝头会大义务戏，在第一舞台连演两晚，那时候田桂凤已经隐息多年，为了多销红票，见义勇为，重行粉墨登场，跟张彩林、萧长华唱一出《也是斋》（又名《杀皮》）。那时候田已年近花甲，眼神、手势、跷功、说白戏谑，细腻传神，面面俱到，筱翠花、芙蓉草的跷功，都是一时翘楚。看了田老这出戏，才知道人外有人，天外有天，只有点头赞赏的份儿了。

当年路三宝唱《贵妃醉酒》，演杨玉环就上跷，左右卧鱼，反正叼杯，不晃不颤柔美多姿。筱翠花唱《醉酒》也上跷，就是跟路三宝学的。要不是跷上下过私工，就做不出迂回曼舞蒨艳飞琼的身段来了。朱琴心在下海之前，在协和医院充任英文打字员时候，就加入协和医院票房。当时票房角色极为整齐，花脸张稔年、费简侯，丑角张泽圃、王华甫，老旦陶善庭，旦角赵剑禅、林君甫、杨文雏、朱琴心，须生陶畏初、管绍华、于景枚，武生王鹤孙。

朱琴心嗓子没有赵、杨来得嘹亮，所以他跟陆凤琴、诸茹香、律佩芳学了不少花旦戏。既然以花旦应工，自然就得练跷了。半路出家，所下的工夫，比科班学生更为艰苦。他的《荷珠配》《采花赶府》《战宛城》《翠屏山》一类跷功戏，绝不偷懒，必定上跷，他的跷功就这样练出来了。有一次青年会总干事周冠卿六十大庆，朱琴心也打算上跷唱《醉酒》，考验一下自己的跷功。结果凤冠霞帔，宫装丽履一扮上，回旋屡舞没法圆转自如，等到正式爨演，恐怕一时把握不定，仍旧是换穿彩鞋上台，由此可见跷功之不简单了。

笔者听路三宝的时候，尚在髫龄，那时路三宝已过中年，听了他的《双钉记》的白金莲，《马思远》的赵玉儿"行凶"一场披头散发，戟手咬牙，脸上抹了油彩，满脸凶狠淫毒之气，望之令人生畏，所以不爱看他的戏。有一年俞振庭的双庆社在文明茶园唱封箱戏，谭老板特烦路三宝唱《浣花溪》的任蓉卿，说白做打都令人叫绝，每个下场谭老板都在台帘里等候搀扶，听说那一天伶票两界同行差不多都到齐了，全是来"搂叶子"观摩跷功的。笔者当时还看不出所以然来，不过看他转侧便捷，环带飘举，动定自如，似乎跟一般武旦开打的套子各别另样，觉得特别舒畅。

有一年那琴轩在金鱼胡同那家花园过散生日，有个小型堂会，由伦贝子（溥伦）担任戏提调，所以戏码不大，出出精彩。老十三旦侯俊山，本来已经留起胡子准备收山，回老家张垣，吃几天太平饭，以娱晚年啦。谁知伦四爷死说活说，再加上那相的金面，情不可却，又把新留的胡子剃掉，唱了一出《辛安驿》。这出梆子戏，是十三旦老本行，走矮子，蹑跷步，惊鸿挺秀，清新自然，他能跟着锣鼓点子走，配合得天衣无缝，让台下观众顾盼怡然，丝毫不用替台上提心吊胆，实在是令人叹为观止的一出好戏。

武旦的跷，以九阵风（阎岚秋）、朱桂芳两位踩得最好，九阵风更为绰约道健。他毕生不穿丝袜、线袜，永远是白市布纳底袜子双脸鞋，据他说不让脚趾过分放纵，对踩跷是有帮助的。他有一副铜底锡跟的跷，是他一位在侦缉队做事的把兄弟，送给他一块红毛铜打造的，不但软硬适度，踢蹬自如，而且不滑不涩。凡是吃重的大武戏，或是堂会大义务戏，他必定要用那副跷上戏，才能得心应手。后来他的胞侄阎世善应上海黄金大舞台的约聘到上海闯天下，他就把这副跷给世善带去了。上海名票戎伯铭对跷上是下过工夫的，他有一次试过那副跷后说：怪不得阎老九跟范宝亭合演的《竹林计》火烧于洪，两人从桌子翻上蹿下，既干净又轻松，不黏滞，不打滑，这副跷可能帮了大忙啦。后来世善才慢慢体会出叔叔平素督功严厉，一丝不苟，望子成龙，爱护情深，也超乎一般叔侄之情了。

朱桂芳的跷比九阵风稍微软了点，可是他打出手踢鞭、走碎步、拈鞭得自乃父家传。罗瘿公说他拈鞭，有白居易所谓"轻拢慢捻抹复挑"的指法，算是形容得最得当了。上海有个武旦叫祁彩芬，他跟盖叫天的儿子都会拈鞭，而且花样百出。据他们自己说，系得自朱的传授，谅非浮夸之言。台湾新出的小武旦中，也有两位会拈鞭的，虽然也有几套花招，可是只顾了拈鞭，脚底下踩的跷，可就不太稳得住了。

徐碧云在斌庆坐科时是演武旦的，因为头脑冷慧，开打彪健，极受班主俞振庭的宠爱。在科时像殷斌奎（小奎官）、计艳芬（小桂花）同科师兄弟们，每天只得两大枚点心钱，而徐碧云可以拿到六大枚，比小老板俞步兰、俞华庭还多，算是拔了尖儿啦。徐的《取金陵》饰凤吉公主，《青石山》的九尾仙狐，起打套子特别花俏紧凑，他跟小振庭（孙毓堃）《青石山》关平对刀，打得风狂雨骤，金铁交鸣，锣鼓喧天，戛然而止。他掏翎子亮相，屹立如山，不摇不晃，必定得个满堂好，足证他在跷上下的苦功，是有代价的。可惜出科组班，蹿红太快，得意忘形之下，惹上了桃色纠纷，被警察厅缉获，游街示众之后，递解出境，以致不能在北平立足，浪迹武汉，狼狈川滇，潦倒以终，真太可惜了。

宋德珠，阎世善，一个是戏曲学校武旦瑰宝，一个是富连成后起隽才。想当年戏校富社旗鼓相当，争强斗胜，互不相让，教师们也个个铆上，加紧督功，孩子们也知道刻苦用功，于是造成了两朵奇葩。德珠才华艳发，风采明丽，打出手快而俏皮，跷功圆转自如，有若花浪翻风，呈妍曲致。世善则不务矜奇，不事雕饰，打出手沉雄稳练，很少有掉家伙的情形。世善私工下得多，又出自家学，所以连两位师兄方连元、朱盛富都叹不如。后来世善在上海越唱越红，终于在上海成家立业。至于宋德珠是朱湘泉手把徒弟，在他将近毕业的时候，戏校校长换了李永福（外号牙膏李）。李对这位高足异常钟爱，练功方面一定走飘逸轻盈的路子。因为过分荣宠，又染上了骄纵浮夸的习气，去科后，宋德珠虽然能以武旦组班挑大梁，由于年轻人经不起物欲诱惑，贪杯好色，昙花一现，不几年就声光俱寂了。

贾碧云是南方旦角，北来平津搭班，一炮而红。贾的戏路子很宽，文武不挡，外加新戏老戏都唱，青衣花旦全来。北平名报人薛大可说："贾初次到北平搭班，正赶上红十字会演义务戏济贫，贾当仁不让，为了显示他多才多艺，在《拾玉镯》《法门寺》里先孙玉娇，中宋巧娇，后刘媒婆一赶三，给刘媒婆还添了不少逗哏的俏头，从此《法门寺》一赶三的唱法，才在北平流行起来。追根究底，就是贾碧云开的端。"贾的跷功稳，扮相俊，尤其唱《小放牛》《凤阳花鼓》一类村姑乡妇的戏，更显得明艳婉娈，玉媚花娇，特别受台下欢迎。北派《凤阳花鼓》照例不上跷，而贾的凤阳婆不但上跷，而且说一口地地道道的苏北腔，加上两个丑角何文奎、金一笑，又都是满口扬州腔，三个人在台上编辫子载歌载舞，真令人有耳目一新的感觉。

贾碧云在北平载誉南返，林颦卿紧跟着渡海而来，他带来短打武生李兰亭、小生邓兰卿、老生陆澍田、小丑金一笑，连同下手把子，文武场面，浩浩荡荡到了北平，就在第一舞台安营扎寨。在当时第一舞台是北平最壮丽宽敞、容纳观众最多的新式戏园子，还有转台布景，只有杨小楼在第一舞台组班唱过（因为他是第一舞台股东）。至于梅、尚、程、荀四大名旦，在抗战之前，谁也不敢在第一舞台组班上演，因为园子太大，上不了七八成座，面子也不好看。那时候北平戏园子不时兴用扩音机，要是没有满弓满调的嗓门，坐在三楼后排往下看，人小如蚁，声音似有如无，简直跟看无声电影差不了许多。林颦卿以一个南方角儿，初次来平，居然敢在第一舞台唱黑白天，胆识魄力可真不小。

林颦卿每天晚上都是连台本戏，什么《狸猫换太子》《孟丽君》《三门街》《天雨花》等，有时星期白天也唱：单出戏如《杜十娘》《阴阳河》，全本《宝莲灯》《妻党同恶报》，想不到黑白天都能上个七八成座儿。林的嗓子虽然不错，可是尾音有点带沙，他的戏做工极为细腻，跷功柔媚自然。后来尚和玉加入，他跟尚的《战宛城》，"刺婶"一场翻腾扑跌，闹猛火炽，比北派武功，别成一格。
当时朱杏卿（琴心）还在青年会英文夜校就读，他若干花旦戏，都经过林的指点。朱身材修长，总觉得上跷之后，身量显得太高，林告诉他说："京剧里若干花旦戏都踩跷，才能显出柔情绰态，绚丽多姿、自己千万不能弯腰缩背，以示娇小，如此一有顾忌，什么妩媚艳逸的身段，就都表现不出来了。踩跷是一种舞台艺术，跟芭蕾舞的舞鞋，有异曲同工之妙的。"朱琴心受了林这段话的影响，所以后来下海，凡是跷功戏，如《得意缘》《战宛城》《阴阳河》《采花赶府》一类戏一律绑跷毫不偷懒，老伶工的敬业精神，实在令人佩服。

田桂凤、路三宝之后，筱翠花的跷功以巧致多姿、风采盎然，称为独步。筱翠花自从鸣盛和报散，转入富连成习艺后，苦练跷功，十年如一日，出科后就搭入斌庆社。俞五因为社里学生年龄稚小，叫座力差，于是约了若干带艺而来的青年隽秀，旦角有筱翠花、六六旦，生角有五龄童（王文源）、杨宝森，后来又加入李万春、蓝月春、杜富兴、杜富隆，人才济济，鼎盛一时，在科班中，可跟富连成平分秋色。六六旦是梆子花旦，徐碧云、俞华庭是科班里顶尖儿人物，每天清早都在广德楼戏台上练功，由俞赞庭照料督促，筱翠花每天跟着大家一块儿练功耗跷。有一年冬天，他在冰上耗跷，冰上有一块冰疙瘩，他一疏神，绊了一个斤斗，手腕子折了不说，还把脚腕子拧伤，所以筱翠花虽然踩得稳练，可是细一瞧走起步来有点里八字，就是这个缘故。

筱翠花唱《醉酒》永远上跷，是老水仙花郭际湘的亲授，又经过路三宝的指点，他在《醉酒》里有个下腰反叼杯甩袖左右卧鱼身段，锦裳宝带，彩罍飘举，半斜半倚，慵妆醉态，姿势优美柔丽之极，看起来似乎不太难，可是临场腰劲腿劲稍欠平衡，就难免出丑。就这个身段，不知练了若干遍，才敢在台上爨演。有一年王承斌在三里河织云公所为母做寿，中轴有一出筱翠花《醉酒》，梅兰芳、余叔岩合演《探母回令》。梅很早就进了戏房，为的是看看于老板的《醉酒》，看完之后，梅跟人说："看过于老板的《醉酒》，咱们这出戏，应该挂起来啦。"虽然是梅的谦词，可是足以证明筱翠花的《醉酒》火候分量如何了。

荀慧生原名"白牡丹"，跟此间名花脸王福胜是师兄弟，荀在坐科时专工梆子花旦，跟尚小云是一时瑜亮。出科后就到江南一带跑码头，经过南方高明人士指教，改工皮黄，唱念做打，一律走的是柔媚的路子。由陈墨香给他编了若干荀派本戏，大受妇女界的欢迎。后来因为身体发胖，研究出一种改良跷，给半路出家票友下海，没有幼功的花旦大开方便之门，用不着三冬两夏踩冰砖、站墙根耗跷练功了。京剧跷功艺术能够到现在维系不坠，荀慧生的改良跷实在有莫大影响呢！

继筱翠花之后，小一辈儿花旦跷功好，要属毛世来了。毛世来在富社坐科的时候，正式出台以一出《卖饽饽》走红，甚至广和楼听众中，有所谓"饽饽党"，那就是捧毛集团。毛娇小婀娜，明眸善睐，做表入戏传神，萧和庄（长华）常跟萧连芳说："毛小五儿开窍得早，浑身是戏，将来可以大成，也能小就，你们要好好调教他。"

《立言报》的吴宗祜主办童伶选举，毛世来以一出《飞飞飞》（《小上坟》）夺得旦部冠军，当时戏校的侯玉兰认为旦部冠军，应当由正工青衣膺选，至不济也得是花衫子，现在花旦鳌头独占，实难甘服。后来吴宗祜拿出一封信给侯玉兰看，是冀察政务委员会一位重要人物写给《立言报》社长金达志的一封信。打算购买十万份《立言报》，把报上的选票全部投给毛世来，让他荣登童伶主席宝座。吴接到此信，仓皇无计，求救于齐如山、徐汉生、吴菊痴等人，大家都期期以为不可，一直拖到选举揭晓，李世芳荣膺童伶主席，毛世来荣获旦部冠军荣衔，足证毛世来当时在童伶中，号召力如何了。

毛世来两个哥哥庆来、盛来都是摔打花脸出身，所以毛世来耳濡目染对武功特别爱好，他跟武旦阎世善一块儿练功耗跷，决不松懈偷懒。同科师弟小武旦班世超说："毛师哥上跷之后，力矫耸肩踏步、摇摆趔趄的不良姿势，功夫下得深了，不但蹭蹭自如刚健婀娜，一曲《飞飞飞》宛若素蝶穿花，栩栩款款。他得了旦部冠军，是实至名归，要是有人还不服气，那简直是自不量力了。"毛世来对前辈师哥们，最佩服的是于师哥连泉，托人代为向小老板先容，极想拜列门墙。不知为了什么缘故，后来忽然变卦。有人说筱翠花看过毛世来的《小上坟》，认为毛的跷功做表，都跟他相差有限，只是火候尚未到家，若再掰开揉碎给他一说，自己可就没饭啦。

传言虽未必真，可是毛世来想拜列门墙的夙愿，倒是一点儿也不假！

北平剧评人景孤血对毛世来最为激赏。景说："毛世来《战宛城》邹氏下场的走跟《翠屏山》潘巧云的漫步，一个是孀居贵妇，愁眉蹙额，仍不失娴雅修婧的走，一个是柳颤莺娇，春情冶荡，纵意所如的走，两者身份不同，心情有异，所以走法轻艳侧丽，自然有了差别。"如此说来，真可谓脚跟能把心事传了。徐凌霄称景孤血剧评能研机识微，可算知人之言。

台湾的各军剧团，近年来也培植出不少花旦武旦隽才，如刘复雯、姜竹华、杨莲英、翁中芹，还有乾旦程景祥都是在跷上下过一番苦功，才有今天成就的。可是也有一些小一班档的十之八九犯了耸肩、摆手、摇晃、站不稳的毛病，让台下看了真替他（她）们提心吊胆捏着一把汗。近来看了几出小武旦们打出手戏，跷没练好先学会偷懒，《青石

山》的九尾仙狐、《泗州城》的猪婆龙都不踩
跷，大脚片踢八根枪，还掉满台，大概再过
几年，踩跷也跟耍獠牙、撒火彩同一命运，
自然而然归于淘汰了。

戏里的护背旗

　　香港华声粤剧团专程搭乘华航班机来台湾，从十月三日起，分别在台北、台中、高雄轮演拿手好戏十五场。团里正印文武生李文华所扎大靠护背旗有六杆之多，这是京剧里所罕见的。其实粤剧文武生扎大靠护背旗，六杆者不自李文华始，早年以《夜吊白芙蓉》驰名岭南的白驹荣演跨海征东的薛礼，扎大靠就插六杆护背旗。旗子插得密，飘带又多，开打起来，自然后镗跟护背旗容易裹住撕掳不开，所以京剧粤剧都以四杆为准。六杆旗就没有人敢使用了，免得出乖露丑。

　　谈到四方护背旗，当年盖叫天在上海跟

马连良、王灵珠演《渡泸江七擒孟获》，做了一份改良靠就是四方护背旗，试穿开打极不方便，所以一直没有在舞台上亮相。后来马连良回到北平，偏不信邪，让三义戏庄给他做了一份绿色簇金大靠，四杆四方护背旗，五色缬花，四牡龙纹，美则美矣，他唱全本《秦琼》曾经穿过一次，开打起来非常别扭，所以他穿了一次，就没再用。

北平石头胡同把口大北照相馆经理赵燕臣是北平净角名票，照戏装相尤为拿手，所以北平梨园行同人或是票友要照戏装相，多半是赵燕臣的大作。他勾碎脸线条细腻生动，连侯喜瑞、金少山都佩服他手法高明。连良的跟包马四立觉得这份方护背旗大靠放在躺箱里碍手碍脚，跟赵燕臣一商量就送到赵燕臣处代为收存，遇到有人出合适价钱，就转让别人。我的一位朋友李家麟，最喜欢照戏装相，每个星期天不上班，就到大北照戏装相，他照了一百多张戏装相，扎大靠插四方护背旗的秦琼戏装，自然不能放过。他不但自己照过，而且撺掇名票李心佛也照了一张，并且放大，挂在照相馆大门口，恰巧被富连成的胡盛岩看见。他正应聘要去上海演唱，就把这份四方旗的大靠给买下来，在上海只穿过一次，也是因为开打不方便，这副行头也就永远挂起来了。

戏班里穿大靠，照京剧的规矩，一定是四杆护背旗，只有富连成的许盛奎演草鸡大王插一杆护背旗。据说许盛奎嘴馋食量又大，有一次他跟孙盛武、金盛福打赌，赢了五十只锅贴，吃得孙、金两人心疼得不得了。孙盛武是向来惯会使坏的，趁许盛奎扮好戏靠在墙角打盹儿的时候，愣把他护背旗偷偷拔了三杆，因此草鸡大王一出场，护背旗只剩一杆，闹了一个满堂敞笑，从此许盛奎再饰草鸡大王上场，护背旗就变成独根草啦！

梅兰芳第一次演《嫦娥奔月》是在东安市场吉祥茶园，名丑高四保（高庆奎之父）

扮演兔儿爷，李敬山扮演兔儿奶奶。高的扮相纯粹模仿市面摊子上兔爷尊容，勾油脸，画睫毛，抹柳叶形红嘴岔，左右各竖一只长耳朵，绿袍金甲，手持捣药玉杵乳钵，背后插一杆比护背旗大、比大旗小的特制旗帜，从月宫砌末里，一把大彩从天而降，真吓人一跳。后来换了萧长华，慈瑞泉的兔儿爷就没有这样威风啦！近年台湾军中剧团也有了《嫦娥奔月》这出戏，可是兔儿爷的扮相，就没有准谱儿了。夏元瑜教授说："现在剧校同学根本没见过兔儿爷，所以兔儿爷的扮相，就别出心裁，离了大谱啦。"因为谈到护背旗，所以顺手写出来给扮演者参考参考。

玩票、走票、龙票

　　早年的票友，都隶属一家票房，一方面爱好京剧的朋友们，聚在一块儿可以互相切磋，二来票房可以多请几位教师，生旦净末丑，各种把子，文武场面，想学哪一行哪一样都有人教，不但省事而且经济。至于您打算精益求精，用点私工，那就另说另讲啦！

　　有人说，举凡票友唱戏，总得大把大把地扬钞票，所以叫"玩票"。要知当年票友彩觥还没发行钞票，当然此票非现在的钞票了。票友粉墨登台觥演京剧，名为走票，是其来有自的。最初票友登台彩唱全凭自己兴趣，如本家儿喜庆寿筵，不但自备车马，茶水不

1383

扰，如果跟本家儿有点渊源，还得赔上一个份子。至于有人把票友形容成神仙（来时神气活灵活现，唱旦的技压梅尚程荀，唱生的艺高余言谭马）、老虎（一开酒席，坐上桌后风卷残云，如同老虎）、狗（等到登台之后荒腔走板不搭调，举手投足，都是笑语，卸装就溜，有如丧家之狗），那都是刻薄嘴过甚其词。事实上，没有那样不堪的票友。

北方票友通常叫"走票"，南方叫"票戏"，很少有人说"玩票的"。当年侯宝林有相声里问对方是干什么的，对方回答是票友，再反问他贵行业，他说是玩票的，其中隐然含有占便宜的成分。所以老一辈的人都说是走票，很少有人说玩票的，就是怕人误会占别人便宜。

谈到龙票，齐如山先生说是内务府核准成立票房发给的执照，盖有正式大印，纸上印有龙纹，因此大家叫它"龙票"。龙票是发给团体而非个人的。清代自康熙以迄乾隆承平日久，八旗子弟士饱马肥，如果整天游游荡荡，难免志气消沉，趋向于不良嗜好。于是有些巨室豪族，极力提倡组织票房，让子弟们有点正当娱乐。想有一条好嗓筒，必须天天早起吊嗓子，禁忌烟酒，少近女色，不吃辛辣生冷，上台之后，才能有个样儿。所以八旗世家都不反对自己子弟进票房，就是这个道理。

凡是经官奉准领有龙票的票房，出外走票清音桌上，左右边可以陈列一对朱黻鹓首的锦幡，装响器的圆笼也要加上藻绘复杂票房的堂号。当年麻花胡同继家、松柏庵金家，都是历史悠久名票辈出的票房。月牙胡同铨燕平的票房，资金、组织、人头整齐、排戏认真都在继、金两处之上，可就是拿不到龙票。因为铨大爷尊人奎乐器（俊）正是内务府大臣，如果先给自己儿子票房批准龙票，恐怕别人说闲话。后来成立的正乙祠票房、春阳友会、春雪联吟几处大票房，受了月牙胡同票房的影响，都没能领到龙票。至于茶楼酒肆收茶钱的清音桌儿，营业登记上属于清唱，不算票房，当然跟龙票更扯不上边儿啦。

故友孙道南，对于京剧的文件，收藏极富，他从大陆来台带有一张道光年间内务府批给畅音轩票房的龙票。可惜孙兄英年早逝，那张龙票恐怕也去向不明了。

中国旧式戏园子里的副业

前几天有几位台大中文系的同学，陪着一位法国佬叫费尔德斯的来看我。他们给我介绍，费的祖父做过北洋时代法国公使馆的参赞，是一个京剧戏迷，跟北平当时的梨园名角，都有交往，尤其唱花脸的，都是他的好朋友。同时他给当时戏园子里里外外，及在园子里做小生意的照了不少奇奇怪怪的照片。费本人是研究歌剧院服装道具设计制造的，可是他祖父留下的照片，他怎么看也看不懂；把照片带到台湾来，请教他们几位，也说不出所以然来，所以陪他来跟我谈谈。

费君说，在欧美稍具规模的剧场，差不

多都有酒吧、餐厅等的组织，可是都在演戏看戏剧场之外，另外有布置辉煌的厅堂廊庑，供观众们吸烟燕息。根据他祖父说："在中国听戏的地方，喝茶、听戏是搅在一块儿的。"就照片上显示，戏台下面设有方桌，不但茗具齐全，而且有短衣提壶的往来奔走，岂不搅乱台下人的听戏吗？关于这一点，我告诉他中外不同风俗，最早中国人听戏的地方叫茶园，他们基本营业是卖茶，后来本末倒置，以戏为主，卖茶反而成为副业了。有时自己做，有的包给别人做。他们的包法，是上多少座，交戏园子多少钱。每一个座卖多少钱，是包主的事，园主是不过问的。照片里有一张，好几位直着脖子瞪着眼点人数，那就是查座儿呢！楼下大池子、小池子、两廊、大墙，除了正中有官座是留给军警督察处抱大令来的官差坐的外，其余都在这个范围以内。至于楼上上下场门各留一个包厢，给地面上有关机关招待上级外，其余包厢散座，就都包给各大饭馆子了。各饭馆分包到手之后，有客人来吃饭，想听戏，就告诉饭馆子订座。如果客人想听广德楼谭叫天的戏，碰巧这家没有分到广德楼的座儿，他可以跟别家饭馆串换一下。若是我们自己去订座，那是绝对订不到的。在那家饭馆吃饭，饭后听戏，饭馆子照例是派伙计去送茶的，这种茶自然比戏园子里的茶要高明多啦。

包座送吃食

笔者幼年时节，世交钱子莲在清代是有名的南霸天，先祖把他收服，在京南梁格庄务农授徒。他时常到北平来，一来就住在三义店，来了总要到我家带我下下小馆听听戏。他最爱听杨小楼的武生戏、路三宝的泼旦戏。有一次，我们在泰丰楼吃完午饭，到广德楼听路三宝的《马思远》，泰丰楼对钱三爷特别恭维，先送水果，后送蜜饯干果，最后热腾腾的肉丁馒头炸春卷，外带竹笋清汤，鲜芳百品，罗列盈前，我撑得连晚饭都没吃。我当时曾经想过，这样殷勤招待，将来这个账可怎么算呀！

卖碗茶的

另外有一种人，大约跟园子里人认识，到了中轴戏一上，他就把现买的极品香片，用将开的滚水沏上一大锡壶，外面罩上保温棉套提到园子里来。他们眼睛很尖，一看就知道哪位是落门落槛肯花钱的茶客，赶紧倒上一杯热腾腾、香喷喷、醲酽适度、冷热合口的好茶，一碗不够可以再来，待一会儿转过再给您斟上一两杯；等最后武戏一上场，他拿茶叶纸到后台把水牌上第二天戏的演员七歪八扭抄下来，送给喝过茶的客人看。一方面是讨茶客的欢心，二则该叨光您几文啦。有时他们也会遇上看走了眼的茶座，虽然衣冠齐楚，派头大方，可是到了该掏钱的时候，不是出手不高，甚至昂然不睬，他们管这种人叫"棒槌"。当年湘南名士袁伯夔初到北平在三庆听戏，不懂这种喝碗茶给钱的规矩，他每喝总是三四碗，结果一毛不拔，戏园里的人给他起了个绰号——水晶棒槌。他跟樊樊山、罗瘿公一块儿去听戏，樊、罗二位是左一碗右一碗地喝，袁也想喝，人家知道他一毛不拔，就不给他倒，后来罗瘿公知道内情，连外号都告诉了袁伯夔。再去听戏，因为樊、罗二位打过招呼，所以也给他倒上热茶，他一高兴把怀里打簧金表赏了卖茶的老头儿，从此在各戏园里叫响的"水晶棒槌"变成袁大人了。

卖古玩的

这一打照片里，有一张托着小木盘卖东西的，这个行当在光绪宣统年间戏园子里还很流行，到了民初就少见了。廊坊二条、琉璃厂、火神庙一些小古玩铺玉器作，为了招揽顾客，时常派人到戏园子里去卖点小古玩，大致是汉玉、扳指、烟嘴、印章、鼻烟壶、玉带钩、玉牌子，再不然就是文房用具，或是妇女用的簪环首饰家常日用珠翠。在戏园子里卖古玩玉器，有三项不成文规定：第一不准吃喝；第二只准登楼售卖（因为楼上坐的都是文士官员）；第三物件须放在托盘里，不准用带盖儿的提篮捧盒。李盛铎前辈在戏园里买过一方阅微草堂小琴砚，是纪晓岚主考以及后来钦点大主考所用的砚台，砚旁边款有纪昀亲镌的题记。李得此砚后，视同拱璧，不肯轻易示人，结果还是让水竹村人徐东海软磨硬要拿去。李写了一篇《煮砚记》，揆丽隽拔，讽而不伤，的确是一篇幽默好文章。后来大概怕徐东海难为情，所以没有收入文集里。江东才子杨云史也在戏园子买过一只汉玉秋蝉，玉虽不算十分润，可是雕琢古拙琼秀，加上他系在腰里日夕盘拂，璇玉瑶珠，球琳美备。据说他在北里昵一名花，小字玉蝉，已论嫁娶，突然病逝。他在戏园看见有人兜售佩玉，居然有只玉蝉，为纪念彼姝，没有还价，就把那只玉蝉买下来了。现在知道在戏园子里卖玉器的人，已经不多，这些风流韵事，知道的人更是少而又少了。

打手巾把儿的

根据无补老人赵次珊说，早先北平的茶园是没有打手巾把儿的。先是天津下天仙有两家茶园开始给客人打手巾把儿，这个风气到了光绪末年，才传到北平的。早年北平人请朋友下馆子吃饭，余兴是戏园子里听戏，珍馐肥羜，饮啖之余，除了酒后思饮，还油汗盈额，能有一把滚热手巾擦把脸，的确痛快舒服，令人精神为之一振。所以这项生意很快就发达起来，后来因为人人使用，难免传染各种疾病，一般讲求卫生的人不敢使用，加上警察的禁止，大约时兴了一二十年就渐归淘汰。别看他们十条手巾为一捆，楼上楼下，飞来掷去，很少有失手事情发生。在人群里抛扔自如也得说是一种特别技术，尤其在第一舞台，从楼下池座，扔到三层的散座，毫厘不爽，又得有蛮力，还得会使巧劲，这种手法，绝非一般"力笨头"所能胜任的。北平老旧家关家大院何家，有位公子觉得这个行当好玩，愣是跟中和园一个扔手巾把儿的高手老纪拢眼神，练准头。何家花园子里有一座花神祠，玉清金阙，飞檐拂云，手巾把儿扔上扔下，已经练到百无一失。跟老纪到园子，脱去长衫客串几次，也都挥洒自如。有一年冬令救济大义务戏在第一舞台，连演两天，这位大爷一定磨烦老纪要去一试身手，头一天，倒也平安无事，第二天一个揸完脸的手巾把儿，从三楼往池子里扔，偏偏扔在池座京师警察厅总监李寿金座前的茶壶上，当时溅了李总监一身茶水。李以扔手巾把儿太冒失，一伸手就给何大少两个嘴巴！当然惹下一个小麻烦，后来还是王士珍、江朝宗出面摆平，从此何大少因扔手巾把儿，反而变成北平的闻人了。照片里，有一张是扔手巾把儿的，可惜看不出是哪家园子，如果是第一舞台就更精彩啦。

卖杂拌儿的傻二格

也不知道是什么人定的规矩，只有卖杂拌儿的准许在园里乱串，外带吆喝。卖杂拌儿的所卖糖果，不外是花生、瓜子、核桃占、梨膏糖等。去听戏的人，多少抓点儿花生瓜子，买点儿糖果解闷，要是请客，更是非买不可，否则他老站在你旁边磨烦。为了耳根清净，差不多的都不等他开口，随便买点儿糖豆算啦。卖杂拌儿中有个叫傻二格的，据说他是清宫点心房出身，豌豆黄、芸豆卷、木樨枣、五香栗子都做得特别精细好吃。到了民国，就让煤市桥天成居请了去，专做这几样小吃给客人下酒。在午饭已过、晚饭未到的时间里，准许他做几样零食到戏园子里串卖，算是他的外快。前门外戏园子很多，他只去东广、西广两家。东广是广和楼，在内市里，富连成科班儿经常在那里唱白天。西广是广德楼，大栅栏斌庆科班，一年三百六十天都在那里演唱。傻二格爱听小科班儿，科班儿里未满师的小学生都管他叫傻二大爷，吃他东西，有钱就给点，腰里不方便也就算啦。他做的豌豆黄、芸豆卷细致精美，木樨枣软硬适度、绝不护皮，五香栗子，口儿割得不深不浅，外皮一剥就掉，所以老主顾看见傻二格，就是当时不想吃，也要买点儿带回家去逗小孩。早先富连成不卖女座，真有妇女在楼门口跟傻二格买了包回去的。其实天成居样样都有，据说总是没有傻二格端到戏园子卖的好吃，一锅煮出来的东西，怎会味道不同，我想无非是心理作祟罢了。照片里虽然没有卖杂拌儿傻二格照片，可是他做的豌豆黄一定尝过。

卖戏单子的

从前演戏既无宣传，又不贴海报，更没有新闻纸。每天演的都是哪些戏，事前也没处去打听。在程长庚主持精忠庙当庙首时，他做事一笔一画，丝毫不苟。各园戏的戏码，在头一天，都得定规好了，并须呈报该管衙门，不许更改的，还订有罚则，非常严格。住在戏园附近的人，想听戏当天到戏园子门里甬道一看，有一座碑必定《碰碑》，有几对锤必定是《八大锤》。到了光绪末年，谭鑫培全盛时代，规矩可就差多啦。老谭的懒散、不守时间，在梨园行是出了名的。他在上演之前，往往不开戏码，有时定规之后，又常常临时再改，所以当时的戏迷对谭鑫培有个风评，听他的戏要碰运气。齐如老生前跟我说过，叫天有一天原规定演《宋江闹院坐楼杀惜》，等韩长宝的《红梅山》武戏上场，忽然传说叫天嗓音失润，跟田桂凤改演《翠屏山》了。观众因为许久没听他唱武生戏了，以为他必定去石秀，及至登场他演的是杨雄。有位年轻气盛的朋友，认为欺人太甚，一个茶壶就扔上台去，虽然没有打伤叫天，可是一壶热茶都溅在饰潘巧云的田桂凤身上了。事情闹进北衙门，要不是当时内务府大臣世续出面斡旋，叫天多少还要吃点儿苦头呢！此后才有送手抄戏单子的人出现。一寸多宽、四五寸长小红纸卷，上面写着当天所演戏目，只递到熟脸色的主顾看，看完就卷起来拿走，当然要叨光一两大枚铜元。再过十几二十分钟，就有正式卖戏单子的过来了，每张两大枚，纸的颜色不是粉红就是鹅黄，据说最初是一位会动脑筋人用硬豆腐干染锅烟子印上去的，所以有时模糊不清，简笔字又令人难解。等第一舞台开幕，每座奉送有光纸红字戏单子一张，别家戏园子也用铅字印的戏单子在戏园子里卖，卖戏单子的人，在戏园子里，也成了正式的行当了。所拍照片虽然没照出卖戏单子的，可是广和楼贴在楼栏杆上吉祥新戏的海报可拍得很清楚。

卖水烟的

在烟卷尚未时兴之前，文雅人士多吸水烟，工商界人爱吸旱烟，到戏园子里听戏，怀里揣着或是腰里别着一个京八寸旱烟袋，非常方便。要是带个水烟袋可就太累赘了，于是戏园子里卖水烟的乃应运而生。他们水烟袋的嘴儿，能屈能伸，拉长了有四尺多长，隔着一两张茶桌，就能把烟袋嘴儿递到您嘴边了，一只烟嘴儿，你含含，我嘬嘬，说起来实在太不卫生，可是当时有人专门喜欢抽这种水烟，觉得够气派，有面子，因为同来抽旱烟的朋友，他外带送纸媒。后来戏园子茶桌取消，改成长条椅子，他们挤进挤出太不方便，官厅也认为太不卫生加以禁止，卖水烟的才在戏园子失踪。

　　总之，戏园子在早年不完全是听戏的所在，是休闲、解闷、喝茶的场合，所以副业特别地多。只不过择其荦荦大者写几样出来。费先生听了我一席话，觉得比他上两年戏剧课还有价值，赢得他的千恩万谢，还获得深厚友谊。

当年的北平杂耍

　　中华综合艺术团这次宣慰侨胞，其中有巧耍花坛一项，不由想起北平的佟树旺来。佟是涿县人，家里是开缸瓦店的，他从七岁起，一时高兴，就练起耍坛子来了，好在柜上有的是伤残带纹的瓮、盏、缸、盆，卖又不能卖，正好拿来练手。他摔的陶瓷可多啦，换了别人谁也买不起那么多的陶瓷来摔。咱们看有些人玩抖空竹、踢毽儿，在台上都有失手的时候，但佟树旺耍花坛，却没有啪啦一响，满台飞瓷碎片的场面。佟树旺的耍花坛，如苏秦背剑坛子在脑袋后头走，二郎担山坛子在两膀滚来滚去，都是不容易练的。

尤其是魁星踢斗，头上左右膀臂共三个坛子在转，脚上再把一个坛子踢到头顶坛子上，一个左转一个右转，这套功夫都不是普通人能练得出来的。

北平的各种杂耍，原先都是有财势、爱面子的子弟练的玩意儿。遇上喜庆宴会，行人情、走份子，亲朋一撺掇，露个一手两手，给大家瞧瞧。有的人后来家道中落，浪迹江湖，没法子才在天桥或庙会，赶集撂地摆场子，凭着玩意儿来混口饭吃。

早先在北平，讲究听评书、单弦、相声、大鼓、什不闲、八角鼓带小戏什么的，杂耍这个名词，是后来才兴出来的。

清时，北平内城虽有戏园子，但是因为前清定制，内城不准唱大戏，偶或演点儿杂耍也是不定期的。民国以后，北平的杂耍，正式组班，进戏园子卖茶钱，是前门外四海升平开的端。因为园子在百花丛里，八大胡同各清吟小班，能歌会唱的名花，为了招徕客人，也不时到四海升平客串一番，所以弄得老实买卖人不敢立足，有身份的人家，也不愿意凑这份儿热闹惹闲话。四海升平的顾客，后来净剩下些花丛游客，青皮恶少，维持了没有多久，只好关门大吉啦。

一晃十多年也没有人出面拴班子，在戏园子里演唱杂耍。直到哈尔飞一度改为杂耍园子，再加广播电台游艺节目，没早没晚一开收音机，不是单弦，就是大鼓，要不就是对口相声，成本大套的连台评书。这一闹腾，杂耍这一行，在北平足足热闹了十多年。

想当年，北平殷实铺户富厚人家，逢到婆媳嫁女、给老尖儿办整寿、给小孙子办满月，总想热闹热闹。假如唱台京腔大戏吧，花费太大，也怕招摇惹眼，于是取法乎中，可以唱一台宫戏。北平又叫"托吼"（表演道具的木头人有三尺多高，要托吼的人，可以在帷幕后走台步耍身段），各路宾朋凡是会唱两口的，都可以蹿到帷幕后头去唱（北平话叫"蹿桶子"）。

另外，唱一台滦州影戏，也够热闹的。滦州影戏主要的乐器是扬琴，听苦的有《白蛇传合钵》，听逗哏的有《秃子过会》，火炽的有《竹林计》，悲壮的有《胡迪骂阎王》。来宾要过戏瘾，可以枉驾后台，随意唱点什么消遣消遣。从前金秀山、谭鑫培、陈德霖、德珺如都是个中能手，碰上有影戏的场合，总要到后台亮亮嗓子。其中，富连成的张喜海，说刘赶三耍影戏人儿还有绝活，影戏里有一出叫《火烧狐狸》，剧情跟京剧的《青石山》差不多，他能耍出各种各样火彩，细白粉连纸糊的银幕连一点火星都沾不上，连影戏班的耍手，都不得不对他伸大拇指头。

有的人家办堂会，会约一档子八角鼓带小戏什样杂耍，那可比宫戏和滦州影戏又显着排场阔绰啦。

八角鼓带小戏里，少不了什不闲。北平唱什不闲的，以抓髻赵算是泰山北斗了。他曾经进过大内，在御前献唱，颇蒙恩宠，所

1404

以抓髻赵唱什不闲的锣鼓架上，左右各雕着一只金漆盘龙云头，表示他当过内廷供奉，这是上赏的响器。笔者听抓髻赵的时候，他已经是满脸皱纹，白发盈巅，可是唱起来老腔老调、古趣盎然，嗓筒儿还是脆而亮。北平名票张伯驹，曾经特烦抓髻赵在高亭公司录了两段排子曲，现在当然已成绝响啦。

北平的京韵大鼓，有银发鼓王之称的刘宝全是特出人物，他一上场，气度雍容，唱做炉火纯青。刘本来是梨园出身，后来才改唱大鼓，所以他的刀枪架儿特别受看。一般唱京韵大鼓的，都说艺宗鼓王，其实十有八九都是"留学生"（从留声机学来的）。尤其大鼓妞儿，一张嘴就是《大西厢》，只要唱《大西厢》，就算是刘派啦，其实《战长沙》《宁武关》身段繁复、悲壮激烈的大鼓段，那才是刘派的代表作。北平剧评家景孤血说："刘宝全的《宁武关》，描摹周遇吉一腔热血，精忠报国，唱起来仿佛都有脑后烈音，是凡血性人听了，都能激发一股子爱国的情操。"
此话确实不假。

　　当初清末内务府大臣奎俊（乐峰，名票
关醉蝉父亲），有一年新得长孙，一高兴把刘
宝全叫进宅里，唱一台小型堂会。台面就在
小花厅里，正面放上一架特大穿衣镜，宝全
就在穿衣镜前头唱。奎老坐在一张摇椅上，
专看刘宝全镜子里后影，宝全知道奎老是个
中高手，不但能唱而且会编。当年张筱轩唱
的《翠屏山》带放风流焰口，就是奎老的手
笔。所以他越唱越犯毛咕，一段《战长沙》
唱完，真是汗透重裘如释重负。你瞧大鼓虽
小道，可是在以前，听的主儿和唱的主儿，
对于艺术是多么认真呀。

　　把八角鼓带小戏唱出名的是奎星垣，同
行都叫他奎弟老。奎弟老拿手好戏是《锯碗
丁》，只要是出堂会，没有不唱这出小戏的。
一般女眷看到恶婆婆对待儿媳妇的阴损毒辣，
真有当场流泪的，这类小戏对于警世醒俗，

倒也发生了相当效果。奎星垣唱到脸不上粉，没法唱包头了，才洗手收山。后来又出了一个张笑影，张年纪轻扮相好，很出了一阵子风头，不过因为整天涂脂搽粉，变成似女非男的脸蛋儿，加上为了便于包头，头发留到可以梳髻儿，下装之后简直分不出是男是女，渐渐也没人敢领教啦。

唱八角鼓带小戏，还有一个名人徐狗子。徐狗子在杂耍界人头熟人缘好，既能吃亏让人，又四海够味，谁家要是办一档子堂会，找徐狗子当承头准保没错。不但玩意儿齐全，场面火炽，还能让您不多花钱。徐狗子最大长处是不忘本，他发达之后，冬天出门海龙皮帽、水獭领子大衣，浑身穿绸裹缎，打簧金表翡翠表杠，可是一遇见老主顾，仍赶紧下车打千请安，毕恭毕敬，满脸小人该死，大老爷禄位高升的神气。徐狗子玩意儿宽绰不说，他最能挨得起揍。他时常指着自己脑门上凸出一个疙瘩说哏，说他这个坏包，是唱《打城隍》《打灶王》一类挨揍戏，日积月累揍出来的。好人有好报，徐狗子唯一的孙子，他供给到英国留学，学成回国，徐狗子老年还真享了几年清福呢。

北平的杂耍中有一种梅花调大鼓，其中金万昌得算头一份儿。金万昌长得虎背熊腰，实大声洪，可是唱起梅花调来，抑扬顿挫，细腻缠绵，令人忘了他的龙钟老态。尤其他鼓板上的功力充沛，花点玲珑，配上他依傍多年的三弦四胡，出场一通净场鼓，凭着鼓点的花哨流畅、乐器托衬得丝丝入扣，立刻就能要个满堂彩。金老晚年在天津小梨园、北平哈尔飞登台，上下场都要人搀扶，可是一到场上，立刻精神抖擞毫不含糊。梅花调的特点是尾音拖长才好听，金老年高气衰，拖不动只好用吭来帮衬。那可真是货卖识家，武侠小说名家还珠楼主李寿民、章回小说高手刘云若，两位偏偏喜欢听金老之吭，认为金老之吭，跟裘盛戎花脸之吭，有异曲同工之妙。金万昌收的徒弟可不少，男徒弟没有一个出色的，女徒弟有个郭小霞倒是唱出了名，算是承袭了她师傅的衣钵。

听老辈儿人说，早先北平的单弦比大鼓还时兴，可是真正唱出了名的只有一位荣剑尘，按说八角鼓快书岔曲排子曲，都属于单弦一类。清军扫平大小金川，八旗兵丁为了提倡军中娱乐，才兴出了八角鼓，最初只打打八角鼓唱唱得胜歌词，根本没有丝竹伴奏。等到班师回京，才添上丝弦，曲牌也越研究越多，像南锣北鼓金银钮丝，那都是后来加上去的。当初有一原则，单弦里的词句，都是些春郊试马、虎帐谈兵、慷慨激昂保国卫民的词儿，绝对没有儿女私情、花花草草的词藻，后来虽然为迎合听众心理，偶然来几句软性的唱词，可是比起别的玩意儿，算是最规矩的了。荣剑尘是内务府旗人，他的单弦唱起来，不单词句典雅，意境悠然，而且如珠走盘，每个字、每句词，都能让您听得清清楚楚。偶或抓个哏、斗个趣，也是不愠不火、谑而不虐。后来有个常澍田虽然气口差一点儿，可是还不离谱儿。后起之秀出来一个曹宝禄，在园子里电台上真有人捧，严格说起来，咬字不真，气口欠匀，仅是年轻气壮，凭着一条嗓子，唬唬听众而已。

唱大鼓还有个特殊人物，就是醋溜大鼓王佩臣老大臣。王佩臣自己说她的大鼓带点儿酸溜溜的味儿，所以叫醋溜大鼓；一般唱大鼓的妞儿都年轻貌美，只有她这个年近知命的老太婆，还在唱玩意儿，因此自封王佩老大臣。王佩臣在台上虽然脂粉不施，可是眉清目秀，遥想当年一定是个美人胚子，她手上的梨花片耍起来，繁花骤雨，配上卢成科的弦子，严丝合缝，也是一绝。她唱起来口齿流利，板槽极稳，最长的鼓词有二十一个字一句，她能唱得不慌不忙平平整整一丝不乱，这是无论哪一个唱手都办不到的。她的拿手活如《王二姐思夫》《摔镜架》，既逗哏，又有趣。冀察政务委员会时代，她曾经应召到某要员公馆唱过一次《金瓶梅》，那是她压箱底儿的玩意儿，一般人恐怕都没听过呢。

华子元擅长的"戏迷传"在三十几年前，是顶叫座儿的一档子玩意儿，所谓"戏迷传"其实就是单口相声，不过戏里说学逗唱全离不开京腔大戏而已。华子元有几段绝活，像学孙菊仙《朱砂痣》的借灯光，汪桂芬《取成都》的"听说一声要饯行"，刘鸿升《斩黄袍》的"天作保来地作保"，龚云甫《钓金龟》的叫张义，杨小楼《连环套》"保镖路过马兰关"，真是学谁像谁。但华北沦陷不久，他就闭门不出啦。

对口相声本来是撂地玩意儿，不登大雅之堂的，后来把相声中过分色情粗俗的词句大删大改之后，才成了台上的玩意儿，想不到反倒大受欢迎。笔者听过最老的相声艺人，是张麻子和万人迷，他们二人好在个"冷"字，他们的哏，不讲究招得哄堂大笑，而是让人听完，细一琢磨来个会心的微笑，张、万两人的玩意儿就像电影里的卓别林，滑稽逗乐儿都是有深度的。

高德明和绪得贵这档子相声，在北平也大红大紫了一段时期。高德明人高马大，嗓子能够响堂；绪德贵萎缩而懵懂，十足是个捧哏的坯子。高德明有几段精彩的相声：《永庆升平》学胖马说山东诸城话，走《倭瓜镖》起镖卸镖喊的镖趟子，都是他的绝活儿。可惜后来两人为点小事一拆伙，弄了个两败俱伤，谁也没落好儿。

常连安本来是唱太平歌词的，想不到给儿子小蘑菇捧哏，把儿子捧红了，跟着又出了二蘑菇、三蘑菇一堆蘑菇来。小蘑菇虽然嗓子不够响亮，可是头脑比较灵活，能够随机应变，当场抓哏，抗战时期把个华北伪政权，损得体无完肤。例如有一次他说现在大家就要有好日子过啦，洋白面又恢复一块二毛一袋儿了。常连安问他什么袋儿，他说是狮王牙粉袋儿。又有一次他说八月十五日他在前门大街遛弯儿，走到了正明斋门口一看，可乐大发啦，翻毛月饼卖一块钱一个，有磨盘那么大。赶紧进去买几块解解馋，哪知伙计拿出来一瞧，一块月饼比小芝麻饼大点儿有限。于是他指名要窗户台儿上摆的月饼，等伙计拿来一比，跟刚才拿来的一般大小。他走到窗户口一瞧，这才恍然大悟，敢情月饼前头放着一架放大镜，所以照起来有磨盘大。就是这两段相声小蘑菇就逛了两趟日本宪兵队，您想想，要是进了宪兵队还能好受得了吗？可是人家小蘑菇出了宪兵队，照说不误。常连安父子在当时一般人背地里都夸他们是有种的爱国艺人。

还有一位说相声不怕坐牢的叫赵霭如，此人不但身材修长，而且脖颈子也比别人长出好几寸。他是说单春的独角戏，骂日本，骂汉奸真是骂得痛快淋漓，人人称快。赵霭如本来在东安市场南花园摆场子，因为捧场的越来越多，就有人动脑筋约他到杂园子上台去说，哪知园子里腿子特务太多，稍微一溜嘴，就被公安局叫了去大训一顿。后来赵霭如说他自己是撂地卖艺的命，谁约也不进园子，就抱着市场南花园场子死啃，直到胜利他儿子也接上啦，他也就回家当老太爷去啦。

在宋哲元将军主政冀察政委会时期，虽然日本眈眈而视，可是宋明轩有一套因应办法，倒也维持了一段小康局面。那时候物阜民丰，北平出了三个唱手，人们管她们叫"华北三艳"。有一个叫方红宝，唱京韵大鼓，妙曼素雅，不爱浓妆有如玄霜绛雪，学刘宝全也有几分火候。一个叫郭小霞，是唱梅花调大鼓的，长得风姿绰约眉目如画，三弦四胡都是金万昌旧时伙伴，红花绿叶相得益彰。一个叫姚俊英，是唱河南坠子。自从乔清秀的河南坠子唱红，不久嫁人，跟着出来一个董桂枝在杂园子献唱，虽然唱得不如乔清秀，可是大家听腻了大鼓，来一段河南坠子，换换耳音也很受台下欢迎。姚俊英肌肤如雪，两只醉眼极为撩人，加上绿鬓新裁，辫长委地，风韵更为可人。三艳一出，当时每晚各大饭馆三人堂唱就唱不过来，所以三艳在园子只能唱日场，夜场就都不能登台啦。当时华北一班政要，虽然大家力捧，可是始终没出什么桃色新闻，胜利前后三艳都找着相当的对象，总算束身自爱的歌伎到头来都能各有很好的归宿。

单弦拉戏也是北平杂耍之一，从前有个巧手陈拉得不错，有胡琴一陪衬，真像一位拉一位唱。据说他是老生贵俊卿的琴师，因为贵俊卿一年到头都在南方登台，他不愿离乡背井，就研究出来单弦拉戏了。后来替王佩臣弹三弦的卢成科，因为是盲人，比较心静，手音又好，他把弦子上再装个铜喇叭，学言菊朋《让徐州》闪板枪板，样样俱全，学程砚秋《柳迎春》里"红梅得雪添丰韵"，他把砚秋的抽丝垫字大喘气，都能拉得丝丝入扣，惟妙惟肖，实在令人叹为观止。

杂耍园子里有一个颇受欢迎项目踢毽子，以王武樵、王桂英父女有名。起初是父女两个人轮流踢，后来桂英越练越精，稳而且准，王武樵自己就改耍钢叉了。他们所用的毽儿，全是自己包的，有些翎子特别珍贵，软而不飘，垂直下坠，不怕风吹，所以踢起来得心应手，攸往咸宜。去年有位留德朋友回国讲学，据说王氏父女去了欧洲，在西柏林经营一家皮革厂，大概他们钢叉也不耍、毽子也不踢啦。此外宋相臣、宋少臣父子俩踢毽子也是有名的。

曹四景是抖空竹的泰斗，从前杂耍班子里，总少不了曹四的抖空竹。他空竹上抖的花样多，用的工具也古里古怪，除了茶壶盖、酒嘟噜之外，他能抖各式各样的葫芦。有一回他用放风筝的线轴子，两头各挂一小玻璃缸，里头还有小金鱼，抖起来四平八稳，真叫人替他捏着一把汗。可是人家曹四从从容容，从没看他在台上出过舛错。自从来到台湾，在电视节目里，曾经有一老先生表演过抖空竹。大概年纪关系，有时候突然失手，虽然当场仍旧找回来，可是观众总是替他揪着心。不过此时此地能看见抖空竹的，也可以慰情聊胜于无啦。

变戏法的也是杂耍班子里叫座儿的项目，快手刘、快手卢，都是个中翘楚，他们戏法分小戏法（又叫手彩戏法）、大戏法两种。小戏法虽然用点儿小道具，可是多半要凭指掌上功夫。有一年海京伯马戏团由外国到上海来表演，有位随团的法籍魔术师说："英美的魔术连印度都算上，所赖于道具者多，要说论手法比中国戏法，那简直差远了。"这是行家的评语，可能不假。

中国变的大戏法，十来斤重的大海碗盛满了水，还有金鱼游来游去，再变大胆瓶里头插着连升三级。这些东西不错是带在身上，从皮兜子里摘下来的，可是您掂掂这份儿重量，甭说是身上带着走上台来变，就用双手来端，咱们也端不动呀。至于大套戏法里的罗圈当当，真当东西现开当场示众，据他们自己说是大搬运法，是真是假，局外人就没法弄得懂了。所谓大套魔术的洋戏法，杂耍班子不管是在圈子里，或者是应堂会，绝不跟洋戏法同台。有一次舍亲府上办生日，东院是八角鼓子带小戏，西院是韩秉谦带着"大饭桶""小老头"变西洋魔术，害得大家东院西院跑来跑去，打听之下，才知道两档子从来不同台，说起来也是件怪事。

北平老一辈儿的人，一听说您上茶馆听书，必定劝您不听为妙，因为听书比抽白面儿上瘾还来得快，听个三五回书准保入迷。北平说评书组织非常严密，不但有公会，而且师傅收徒弟也是三年零一节才出师，取的学名都得按字排下去，让人一瞧就知道是哪一辈儿的。笔者听过阔字杰字两辈，再往前的老辈儿，就没听过了。哪几个茶馆带说书，什么时候加灯晚（加夜场），哪位说书的在哪个茶馆说哪一套书，几个月一转，一切都是经过同行公议决定，谁也不能滥出馊主意。

北平说书，讲究一套书说一辈子，不但要专精，而且要熟透。坑坑坎坎，抓哏逗趣，书里一个人有一个人的神态、口吻、脾气，他一张嘴，老听书的就知道是说谁啦。说书还分大书小书，像《三国》《东汉》《西汉》《隋唐》《岳传》，全身甲胄骑马弯弓，要说袍带赞、盔甲赞，属于大书。像《包公案》《彭公案》《施公案》《五女七贞》《七侠五义》以及《聊斋》那都属于小书。虽然不用说盔甲赞，可也有刀枪架儿，譬如说《施公案》的金杰丽，他形容赛罗成、黄天霸抽出单刀准备动手，他一扳左腿立刻来个朝天凳，表演天霸杠刀样子，真是精彩动人。王杰魁自己说吃了一辈子《包公案》，从小到老就说了一部《包公案》。他在中广电台说《包公案》，一到他的时间，所有北平大小铺眼儿，十之八九都打开电匣子，真是行人止步、驻足而听。大家伙儿送他一个外号叫净街王。他把一套《包公案》信口而说，入情入理、细腻动人。我常说假如王杰魁还活着在台湾的话，那华视的《包青天》用不着东拉西扯地找材料，只要把王杰魁请去给说说，再连个一两百集，绝对没问题。

连阔如说《东汉》，在他们说书界也是一绝，说起姚期、马武、岑彭、杜懋真是口若悬河，滔滔不绝，形容战马奔跑，简直就像千军万马排山倒海而来，大家都叫他跑马连，就凭他那份精气神儿，人人都得伸大拇指头。还有一位说《聊斋》的，把女鬼说得凄厉恐怖令人汗毛竖起，听完灯晚书，真是有人不约伴儿，不敢回家的。假如专拍鬼故事电影的跟那位说《聊斋》的交上朋友，那恐怖的鬼电影我们更有得看啦。

北平天桥八大怪

在北平谈到吃喝玩乐，一天打算花个万儿八千，也有地方让您去花，您兜儿里只有块儿八毛，也能让您乐和个够，这就是北平有异于宁沪津汉的地方。普罗阶级的朋友，最爱去的地方是天桥，到天桥连吃带玩，在抗战之前，花上一块大洋，也就富富有余啦！

逛天桥除了看沈三摔跤、宝三耍中幡之外，就连诗人墨客学者名流偶或涉足天桥，也要光顾一下八大怪的场子听两段玩意儿！当年财商专校校长宝广林、铁路大学教务长陈兰生都是天桥常客，没事就往天桥蹓跶。宝广林学云里飞扮卖马的秦琼，病病歪歪儿步走，可算绝活；陈兰生用小嗓学穷不怕，唱十朵鲜花支颐作态，简直惟妙惟肖。前两天几位老北平凑在一块儿，谈起了天桥八怪究竟是哪几位英雄，大家莫衷一是。根据笔者所知是这样的。

大金牙　天桥八怪有几位从不吐露真名实姓的，他们认为拉场子卖艺糊口，已经有辱宗族，实在不愿意再称名道姓，因为他嘴里镶有金牙，所以自己取名大金牙。其实他姓焦，跟说相声的焦德海五百年前是一家。大金牙整天拿焦德海开玩笑，焦的嘴皮子也是不饶人的，有一次在说相声场子上，无心中把大金牙的姓给抖搂出来了。大金牙确实姓焦，乳名二秃子，至于学名叫什么，焦德海就不肯说啦。大金牙的拉洋片，边说边唱，不但音调铿锵，姿势诙谐滑稽，形容义和团大师兄们愚鲁无知，红灯照的狠毒恣肆，恍如身临其境。加上他有十多张现场大照片，从放大的西洋镜里看，比后来各种书上翻板照片，要清晰逼真多了。后来北京大学有位教近代史的朱教授借去复印一套，代价是二百银圆。大金牙每逢谈到这件事，就眉飞色舞，引以自豪呢！

云里飞　本名栗庆茂，梨园行地道科班出身，跟名须生高庆奎同是庆字排行师兄弟，不但文武不挡，而且六场通透，因为人过分聪明，难免有点孤高自赏不恢于众啦。他粉墨登场，只要同场的师兄弟在台上有点差错，他不但不给人家兜着，而且当场开搅，所以人缘越混越差，久而久之没有人敢惹，他就流落在天桥撂地卖艺了。虽然没有成套戏衣，可是他能废物利用，香烟盒当纱帽用，彩色纸糊护背旗，居然唱得有声有色，学汪学刘能把他们的优点缺点夸大其词地一一形容，真令人百听不厌。有人打几次转（要几次钱）都坐着不走，一直听到收摊散场的。到了华灯初上，他带着一个徒弟拿着一把破胡琴外带渔鼓简板，在百顺胡同韩家潭一带清吟小班里串串。遇上走马章台的阔客，他有时候学孙菊仙唱段《朱砂痣》，有时候学汪桂芬唱一段《让成都》，老腔老调，令人兴起无限思古之幽情。偶或唱一段"道情"，抑塞磊落，淳风疾恶，颇能警惕人心。抗战胜利，笔者还在观音寺道边，看他黝颜驼背，踽踽独行，大概已经告老收山。

田忙子 名叫德禄，是绿营旗兵，他的十番在当年可算一绝。所谓十番是笛、管、弦、箫、云锣、汤锣、提琴、木鱼、檀板、大鼓一共十样，所以叫十番。原本是多人吹奏弹拉的乐器，田忙子匠心独运，自己做了一个十番架子，吹打弹拉，一人包办。不但箫管并奏，而且锣鼓齐鸣，忙得他口鼻并用手脚不停。他忙得满头大汗，看的人也是瞿视易容。人家田忙子尽管忙，可是吹唱铿锵，音律不乱，他的田忙子外号，就是这样得来的。当年北平哈尔飞戏院，改成杂耍园子，后台管事唱"莲花落"的常旭久，认为他的玩意儿如果就此湮没，未免可惜，而且若干听杂耍的座上客，不一定都逛过天桥，田忙子这档子十番准能叫座儿。于是找忙子谈谈，忙子说他伺候惯了一般贩夫走卒，出言不够雅驯，难登大雅之堂，始终不肯到杂耍园子登台献艺。所以直到现在提起田忙子的十番，还有好些老北平还只闻其名，而未见其人呢！

大兵黄　"使酒骂座"四个字形容大兵黄是最得当了，大兵黄每天过午才拉开场子卖艺，小螃蟹不经醉，四两烧刀子一下肚，立刻脸红脖子粗，说起话来，好像舌头短了半截。他姓张，自称老毅军，跟姜桂题效过力，当过随从。身穿米黄漳绒短袖大马褂，足蹬一双皮快靴，肩膀上扛着旗子，还挽着高阳土布做的马梢子，活脱是旧式营混子在天桥招募散兵游勇的势派。他自称身上穿的漳绒马褂是打白狼老将军江朝宗赏的，皮快靴是护卫姜大帅突围有功，脱困后当场脱下来给他酬庸的，甚至于嘴上叼的旱烟袋也是大有来历，出自长官所赐的。他最爱讲直皖大战，绘影绘声，恍如亲临战阵，有时讲溜了嘴，月旦时贤，诋毁时事，口沫横飞，荤素齐来，该管警察就不得不出面制止取缔啦。他倒好，绝不反驳，一声不响，扛起大旗，转移阵地，走不了三五步，炮声隆隆，他又再续前言，照讲不误了。甚至于取缔他的警察也挤在人群里听得津津有味呢！

万人迷　姓周，最初在天桥说单口相声，天桥虽然鱼龙混杂品流不一，可是万人迷的相声冷隽含蓄，不像云里飞满口带脏字，时常作揖请安让堂客听众回避，他好畅所欲言随便胡柴。万人迷长了一副上人见喜的面貌，而且声音嘹亮，所以他师父给他取了个万人迷的艺名。据说他天性优爽任侠，时常把鬻艺所得周济贫困。虽然他为善不欲人知，可是日久天长受惠者，都是附近一带饥寒住户，周善人这个外号，就被传扬开了。他的相声因为词句雅驯，后来跟张麻子搭档一捧一逗，精彩百出。石头胡同"四海升平"成立杂耍场，张麻子、万人迷的相声列为中轴，比起后进的高德明、褚德贵在电台说的相声还要受人欢迎。天桥的八怪能从撂地，升到杂耍园子里献艺的，万人迷可算是独一份儿啦。

花狗熊 天桥八怪，只有他从来不露姓甚名谁，有人说他在清宫当过差，刑部管过案卷，最后沦落到摆地卖艺，愧对宗族，所以隐姓埋名。因为他身材伟岸，爱穿大花坎肩，才自称花狗熊。他虽然有时也单桩说相声，其实他以说《刘公案》最拿手。他借着刘墉审案能把清代吏制以及官员们升迁降黜，说得委婉周详，入情入理。有时谈点宫闱秘辛，也都是向所未闻的掌故。当年苦茶庵主最喜欢听花狗熊的评书。打算研究清史，最好多听花狗熊说《刘公案》，他能给您提出若干疑难题目来。庵主有若干有关史实文章，就是从花狗熊说的《刘公案》里发掘推演出来的。

管儿张 他在前清升平署学过声乐，受过严格训练，所以差不多的乐器，他都拿得起来。他研究出一种用竹管制的小管乐，吞吐力极强，他可以用鼻孔吹奏，模仿百鸟争鸣、百兽发威，真如置身幽岫孤崖、群籁竞奏情景。他学说各地方言，也是一绝，说苏白、江北腔、山东山西土话不算稀奇，还能说一口很地道的福州、广州话。从未离开京城一步的土包子，能够说这么多的方言，而且大致都不离谱儿，实在是太难能可贵了。他后来收了两个好徒弟，带着徒弟漫游大江南北在汉口落户养老啦。

穷不怕　有人说他是黄带子（大清皇族），可是他自己坚决否认，同时对自己姓名讳莫如深，自称穷不怕，所以大家也叫他穷不怕。他有时鲜衣华履恍为贵介公子，可能第二天又变成鹑衣百结的乞丐了。有人问他缘故，他总说是欠人酒钱，衣履都入了长生库啦。他在天桥卖艺，一拉开场子，先在土地上画一个大方格，把当天要说的子目，一条一条写出来，想不到居然笔势雄健，词句简峭，一看就知道他腹笥很宽，是个念过书的人。有时根据小报上的社会新闻开讲，分析得入情入理，将今比古，乍听之下觉得拟于不伦，可是经他一解说，没有不赞叹他眼光犀利，真有点鬼门道的。当年北平《小实报》记者王桂宇未发迹时给《小实报》写方块，时常把穷不怕的话当金科玉律写在报上，不逛天桥的人，看了王桂宇转述穷不怕的，还不相信，特地到天桥看看穷不怕是甚等人物的，最后也变成穷不怕的听众啦！后来穷不怕突然在天桥失踪，有人说他被天津青县一位赵姓土财主看中，被接走陪他老太爷醒睡解闷享清福去了。所以后来有人数天桥八怪，数来数去只有七怪，那就是把穷不怕给漏啦！

北平茶楼清音桌儿的沧桑史

听老一辈儿的人说，在清朝逢到皇帝驾崩，龙驭上宾，称为国丧，举国衔哀守制。一百天以内，四海遏密八音，凡是金石丝竹、匏土革木，一律不许出声，不但各茶园的戏班停止粉墨登场，就是私家堂会彩觞，亦为法所不许。

可是日子久啦，一般指唱戏维生梨园行的人们，生活挺不下去，于是有高人想出个变通办法，就是便衣登台。唱青衣的头上包一块素色绸巾，老生带上髯口，丑角脸上抹块白，场面上是连比画带念锣经大字，对付着唱两出来维持生活。就是平素喜欢走走票

1431

的大爷们，像同治帝后先后宾天，一连就是半年多不准动响器，也都按捺不住，总想找个地方喊喊嗓子过过戏瘾。据老伶工陈子芳说："最初的清唱叫'坐打'，武场用的大锣、铙钹一类声能及远的响器，都在禁止之列，所以当时又叫'清音桌儿'。可是京剧里，有些节骨眼上，非得来上一锣，或是加上铙钹才能带劲扬神珺于是由点到为止，渐渐又恢复正常了。早年名小生德珺如原隶旗籍，一开始是在清音桌儿走票，后来下海，人都叫他德处，就表示他是票友出身的。他嗓子冲唱唢呐圆转自如，把子尤其边式，一出《辕门射戟》，能卖满堂。因为他正式下过弓房，拉过强弓，一箭能射中高悬台上方画戟的戟眼儿里，从此走红。可是他面庞特长，博得'驴脸小生'绰号，所以后来下海，仍旧喜欢清唱，逢到亲友家有生日满月温居嫁娶一类喜庆事儿，有人起哄办一档子清音桌儿来热闹热闹，他总是义不容辞，争先承应。凡是这种场合，他除了担任文武场面之外，还充个零碎角儿答答喳，最后还得唱出小生正工戏，如《叫关》《小显》《射戟》《白门楼》之类，才算过足了戏瘾。他认为下海唱戏，是凭玩意儿挣钱混饭吃，总是浑身不得劲儿，可是往清音桌儿旁一坐，就觉着通体舒畅，有海阔天空任凭大爷高乐的感觉。"

清音桌儿的主持人叫"承头"，陈子芳往年干过清音桌儿的承头，所以清音桌儿上的事，件件内行。他说："咸丰驾崩，国丧期间停止一切娱乐，清音桌儿确实是那个时候应运而生的。要成立一档子清音桌儿，首先要到精忠庙专管梨园事务的会首处挂号，领得执照，凭照到内务府升平署领取札子、丹帖，这两样手续办齐，才算正式成立，能够在六九城走票。清音桌儿既然不带彩唱，自然没有戏箱，可是也要购置一些应用器具。首先要定制堂号座灯一对，桌围椅帔垫全堂，置响器，制水牌，然后撒大帖请伶票两界有头有脸的人物响锣助威，才算开市大吉。"

北平月牙胡同铨燕平（关醉蝉）有个票房，附带清音桌儿。他那份写戏目的水牌特别考究，放在两张八仙桌拼在一块儿的正中间，是紫檀框子嵌螺钿，檀香木的心子镶着十二块象牙牌，雕饰镂纹，极饶雅韵。当天戏目顺序写在象牙牌子上，让人一目了然。座灯是四方形，高约三尺乌木鬃漆琉璃灯罩，正面漆着红字金边堂号，配上苏绣大红缎子平金万字不到头的桌围椅帔垫，的确琳琅莹莹，腾采夺目，气派非凡。言菊朋称铨大爷这份儿排场，是清音桌儿的头一份儿，信非虚誉。

所有文武场面应用响器，清音桌儿自然要备置齐全，不过听说最初旦角唱反二黄所用的碰钟以及文场胡琴、月琴、三弦所用的丝弦，唢呐的信子，笛子上的笛膜，都得自带。一般人说是祖师爷留下的规矩，笔者曾经请教过梨园名宿票友前辈，也都说不出所以然来，到了现在知道这项规矩的已经不多，更遑论出处来源了。

撒大帖是办清音桌儿最难办、也最容易让人挑眼的事。有些人接了帖，他卖撒邪说凭他那点儿见不得人的玩意儿，那不是打鸭子上架吗？您要是漏了没给他帖，您听着吧！他又有说词啦，人家请的是名角名票，咱们算哪一棵葱哪一棵蒜呀！这种爱犯小性儿乱挑眼的朋友在票友中所在多有，您瞧撒大帖有多么为难呀！

北方办喜庆寿事发大红帖子，做七办冥寿用素帖子，庵观寺院佛道日子讲经请善会用黄帖子，只有票房清音桌儿成立，请诸亲好友来捧场助威，所撒的帖子叫红白帖子。笔者曾经请教过由玩票而下海的龚云甫、德珺如，他们都是知其然而不知其所以然，后来问过几位票房老资格承头纪子兴、胡显亭、曹小凤，甚至于请教戏剧大师齐如老，也都莫明其所自来。这件事一直存疑，现在知道始末根由的人，恐怕更不容易找啦。

据说刚一有清音桌儿的时候，只应喜庆堂会的清唱，跟本家过份子（不送奠敬寿仪）只奉烟茶，连酒席都不能扰。后来才有人想出高招，找个豁亮宽敞茶楼酒馆，搭上一个小台约请伶票两界莅临消遣，久而久之才规模粗备，越来越热闹起来的。

茶楼的清音桌儿的清唱，有唱白天的，有唱灯晚的，甚至于有唱白天带灯晚的，不过有个不成文的规定，就是无论座儿上得多好，也只能收茶钱，不准卖戏票。因为来茶楼消遣，都是耗财买脸的大爷，讲的是茶水不扰，至于像陶默庵、邢君明、李香匀、果仲禹那些名票，也只是由票房开个车钱而已，否则官厅按娱乐事业纳捐完税，茶楼的买卖就做不成了。

早先清音桌儿跟票房是两码子事。票房是聘有专人说戏，打把子练身段，学习文武场面，积学有成，才能粉墨登场；至于清音桌儿可就不同啦，您敢到茶楼去消遣，少说您肚子里也得有三五出戏，要是只会几段西皮二黄，没有整出玩意儿，清音桌儿的承头固然不敢冒冒失失过来相烦，您也没有那份儿胆子愣闯青龙座去出乖露丑。

北平清音桌儿在茶楼上开锣清唱，是宣统年间才大行其道的。前门外观音寺有一个畅怀春茶楼，是历史最悠久的清音桌儿，由胡显亭主持。胡的嗓子能高能低，陪着角儿唱，绝不乱哨，让您唱得舒服自在。胡有票界张春彦雅号，跟名票邢君明唱《珠帘寨》（《解宝收威》），彼此铆上可算一绝。宾燕华楼也有一档子清唱，是德仁趾、于景枚共同主持，两位都是唱老生的，加上赵剑禅、杨文雏的青衣，果仲禹的杨派武生，每天茶客拥至，去晚了简直找不到座儿。后来德仁趾下海搭班，于景枚无意独自经营去了上海经商，这档子辉煌灿烂的清唱，也就报散啦。

劝业场绿香园的老板，原本是画炭画人

像的，虽然平素也喜欢哼两句，可是对当承头的事，十足老外。他看宾燕华楼茶座鼎盛，如日方中，自己组织一个清音桌儿正是好当口，他跟李香匀是口盟，再加上李的极力撺掇，并且代约臧岚光、何雅秋几位亦票亦伶的旦角帮场，倒也热闹了一阵子。可惜他自己究属外行，对待票友的礼数上，对茶座言谈招呼上，都有欠周到的地方。虽然绿香园廊庑四达，得听得看，渐渐可就拉不住茶座了，勉强支持了两年，只好宣告停锣，又改回清茶围棋候教啦。

廊坊头条第一楼原本有个河南馆子叫玉楼春，因为东伙不合收歇，梨园行有个专管大衣箱的迟四看这个铺的楼高气爽、轩敞拢音，于是顶过来也办了一档子清音桌儿。他跟名票莫敬一有亲，加上玉静尘、松介眉、世哲生、胡井伯、金鹤年一般名票，有时登台彩唱，所用行头都归迟四张罗而来，加上莫敬一的面子，大家都不时前来捧场。不过这些票友，十之八九都住北城，天天往前门外跑，车钱实在不菲，兼之迟四有时傍角出外，茶楼一切势难兼顾，于是不久也偃锣息鼓吹了乌嘟嘟。

从民国初年到北洋政府垮台，这十年来，可以说是清音桌儿全盛时期。在前门外廊坊头条观音寺蕞尔之地，就有四家清唱茶楼，粥多僧少，凡是会唱个三五出戏的票友，都成香饽饽啦，你抢我夺，比前些时台湾三家电视台影歌星的跳槽挖角还来得紧张火炽。像名票须生顾赞臣、邢君明、陶畏初，青衣李香匀、杨文雏，花衫林君甫、章筱珊，甚至于唱丑的王华甫、金鹤年、叶茂如都非常走红，成为各茶楼争取的对象。绿香园还没唱完，畅怀春已经派人前来催请啦。武生名票果仲禹，一生服膺杨小楼，言谈动作处处以杨宗师为法，大家都叫他"杨迷"，他也居之不疑。有一天他连赶三处清唱，唱得晕头转向，出门叫"洋车"都上口了而不自觉，把拉洋车的都叫愣住，不知底细的人，还认为他患了神经病呢！

东城在东安市场里也有两处清唱：一处在市场正门叫舫兴茶社，由黄锡九主持；一处在市场南花园叫德昌茶楼，由曹小凤主持。舫兴是个拐角楼地带，上面有铁罩棚覆盖，既不轩敞，又不豁亮，甚至白天都要点灯。黄锡九表面看起来似愚若骀憨憨厚厚，可是他有一套别人学不来的软工。他跟锡子刚是师兄弟（锡给梅兰芳弹弦子），腹笥宽，有若干曲牌子，词义含混，有腔没字，锡、黄师兄弟孜孜钻研，例如《法门寺》"一贯千"曲牌子，他们都一一整理出来了。黄原本习丑，因为口齿不清，比丑行头郭春山还差劲，最后只好改行。他跟陶默庵的堂侄陶十四是莫逆之交，陶十四每天到舫兴打大锣消遣，因此黄锡九跟陶默庵拉上了关系。陶是端方胞弟端锦的女儿，虽然说不上是风华绝代，可是她喜御男装，经年长袍坎肩，留个中分西式头，加上她皮肤美皙眉目如画，于是有人给她起了个外号，称她为坤票中的川岛芳子，她也坦然默认。

东北城有些大专男女学生，有人对陶备至倾倒，论造诣陶的确是个唱戏的好材料，不但声音嘹亮，且能及远，水音冉冉，纵意所如，连梅兰芳听了她的《凤还巢》，都击节称赏。最初陶默庵是为面子所局，偶或到舫兴捧捧场，后来黄锡九请来一位坤票须生杨小云，难得的是嗓音青蔚，毫无雌音，又跟陶默庵吃一个调门，一搭一档经常掇一出生旦对儿戏。加上孟广亨的胡琴，杨名华的二胡，每逢周末假日，准演不谎，非但场场满堂红，甚至有时路口还要加临时凳，茶客中真有捧着茶壶站在窗口听的。这种盛况足足维持了两年时间，可算是舫兴茶社黄金时代。

曹小凤是唱旦角出身，跟姚二顺（玉芙）是师兄弟，曹为人四海，交游广泛，所以他接过德昌茶楼办清音桌儿，伶票两界都去赶着趁热闹捧场子，尤其梨园行一些生活艰窘的同业，都愿给曹小凤效力。曹对这帮苦同行，还是真心照顾，明着开戏份，暗里给车钱。梨园行有个唱铜锤的尹小峰，当年曾经跟谭鑫培配过戏，有一回陪谭老板唱"捉放"，一时疏神，临场忘词，被戏班辞退，哪知从此一蹶不振。到了晚年更为潦倒，饥一顿饱一顿，面庞消瘦到无法勾脸，自然也就无人请教搭班登台。可是嗓子依旧刚劲爽脆，能够响堂，因此不时到德昌茶楼帮帮场子，有时唱个《五雷阵》《锁五龙》，老腔老调雄迈高古，还真受知音茶客们欢迎。曹小凤惜老怜贫总是塞个块儿八毛给尹老零花，这些地方就看出曹小凤做人优爽厚道来啦。

　　舫兴、德昌两家茶楼，南北对峙，各有各的茶客，平日互不相犯，可是每逢星期假日陶默庵在舫兴一露面，德昌准能掉下二成茶座来。后来经陶十四出面，给两家一调停，陶默庵分单双日子两边唱，这种剑拔弩张的局面才算解决。常到德昌去消遣的票友，以协和医院票房的人居多，如张稔年、张泽圃、管绍华、赵贯一、杨文雏、陶善庭、孟广亨、赵仲安，可以说生、旦、净、末、丑一样不缺，再加上奚啸伯、费简侯、丁永祥不时常来露脸，伶界的芙蓉草、王又荃、李洪福，甚至没下海时的朱琴心，都偶或来溜溜嗓子。有时大家聊得高兴，也许来一出大群戏如《法门寺》《龙凤呈祥》《大登殿》等，最特别是谋得利唱片公司女经理德国人雍柳絮（又名雍竹君）一高兴，也坐上清音桌儿唱一出《骂殿》，或是《武昭关》一类戏，也能多上两成座儿。

东安市场里的吉祥茶园，是个热戏园子，差不多黑白天都有戏。据后台管事汪侠公说："有一天言菊朋跟陈丽芳在吉祥唱白天，戏码是《贺后骂殿》《卧龙吊孝》双出，碰巧赶上陶默庵、奚啸伯、管绍华、芙蓉草在德昌茶楼攒了一出《探母回令》，德昌这边挤得是满坑满谷，吉祥那边稀稀落落上座不足三成。言、奚两人原都是郭眉臣家常客，气得言三几个月都没跟奚啸伯说话。"可见当年德昌茶楼的清音桌儿是多么风光叫座儿啦。

东安市场两家茶楼一走红，萧润田觉着茶楼清唱也是条生财之道，于是他在西单商场桃李园也组织了一档子清唱。萧出身是北洋时期财政部一名传达执事，因为心灵性巧，爱好京剧，虽然扮起来不怎么受看，可是嗓子清脆能吃高调门。后来加入春雪联吟社票房唱青衣兼刀马旦，曾受教于王琴侬、胡素仙、荣蝶仙三位老伶工，又肯下私功，虽然票友出身，可是把子打得干净利落，玩意儿够得上规矩瓷实。可是祖师爷不赏饭吃，吃亏在扮相太苦，只好改弦易辙，专门给人说戏，因为人头儿熟，还外带着给人排搭桌戏。

民国二十年左右，京剧在北平各大学中学里大行其道，纷纷成立京剧社聘请教习说戏，学生票友一出戏没学全就想彩爨露脸。

可是梨园行有点声望的教师，谁也不敢那么做，怕砸了招牌。而萧润田则不然了，只要你敢上台，他就往上架，这种做法反而大受学生票友的欢迎。全盛时期，萧润田差不多有十多个学生票房，挂有总教习头衔。办搭桌是最容易吃秧子弄钞票的行当，半票半伶的于云鹏有一份儿崭新的戏箱，一般初学乍练的学生票友，整天就想粉墨登场出出风头，再加上票房里帮闲碎催左揶揄、右摆弄，立刻就能凑出一台搭桌戏来。瘾头大的票友们，都可以随时大过戏瘾，萧润田从中上下其手，那几年倒也让他捞摸了几文。

桃李园一成立清音桌儿，萧的手上正充足富余，所找文武场面手底下都很硬挣，加上老票友如章筱珊、费海楼、何友三，都住在西城，中广电台选出来的票友如高博陵、汪心佛等人加上后来红紫一时的李英良、纪玉良、龙文伟都算是桃李园的台柱子，台面倒也火炽闹猛。不过学生票友非生即旦，顶多有一两位学黑头唱花脸的，到了星期假日学校没课，三个一群、五个一伙都一拥而来。张同学刚唱完《大登殿》，李同学紧跟着《三击掌》《探寒窑》，什么梨园最忌讳的时光倒流，满没听提，要不然《武家坡》《汾河湾》《桑园会》生旦对儿戏一出接一出。这些学生大爷，只求登台露脸过戏瘾，都是茶社的财神爷，谁也不能得罪，以致品流庞杂，扰碎终朝。有点身份的票友，自然慢慢相率裹足，到了抗战前夕，桃李园就成为地地道道学生票房啦。

名伶名票中，有些位对清音桌儿兴趣特别浓厚的，像程玉菁、芙蓉草、裘桂仙、瑞德宝等；可也有些大名鼎鼎的名票名伶在台上龙骧虎跃，一坐上清音桌儿，就觉着浑身不得劲儿，不是临场忘词，就是撞在锣鼓上。当年票友玉静尘、世哲生、关醉蝉、古井伯，台上玩意儿个个都称上精湛老练，唱、做、念、打要什么有什么，可一坐清音桌儿立刻八下里不自在。唱戏就怕自己"起尊"，一失神准得出错。卧云居士说："我宁可在台上唱出《太君辞朝》，也不愿意在清音桌儿上来个《大登殿》的王夫人。"此话足证在台上欢蹦乱跳，到了清音桌儿上，真不见得准能发挥十成功力呢！

老伶工最爱上清音桌儿的要算老夫子陈德霖了。记得当年合肥李新吾经畲（李瀚章公子）在他甘石桥寓所过六十大寿，他的公子炳广是春阳友会名丑票，会友大众合送一场带灯晚的清唱。李八爷（新吾行一）跟陈德霖是多年老朋友，晚饭后陈老夫子自告奋勇跟袁寒云来了一出《鸿鸾禧》，陈是正工青衣，平素不苟言笑，这种说京白闺门旦的戏，在任何场合也没露过，临场居然茹柔雅遣一丝不苟。看他庞眉皓发，一种小儿女嫣红柔绿可掬娇态，真是妙绝。上海名票陈小田是老寿星孙婿，唱了一出《落花园》满弓满调，比他在百代公司所灌那张唱片，尤为精彩。

后来冯六爷耿光等人一起哄，临时攒了一出《打面缸》，梅畹华的张才，王君直的大老爷，李炳广的老爷，佀厚斋的王书吏，赵桐珊的周腊梅，余叔岩司鼓，穆铁芬吹唢呐，大家都是临时攒锅，温居贺喜一场，你一言我一语，把个周腊梅又要搭喳儿，又要提调，闹了个晕头转向。事后梅兰芳说："这是第一次我上清音桌儿，也是第一次唱'面缸'。"这出空前绝后的玩笑戏，屈指算来，已经五十多年前往事了，因为太不寻常，所以当时大家的音容笑貌，深印脑海，历久弥新。回想当时场上人物，多数年逾百龄，最年轻也是九十开外，现在就是听过这出戏的人，恐怕也寥寥无几了。所谓票房茶楼清音桌儿，恐怕早已成为历史上的名词了！

民间艺术——大鼓和相声

什锦杂耍组成班子在园子里上演，是天津娱乐界首开其端的。天津是张园、陶园、大罗天先有杂耍，后来泰康商场、小梨园发扬光大。北平是先有四海升平，因为地近花街，比较规矩点儿的人，都不愿涉足其间，中间沉寂了十多年。后来有人把哈尔飞戏园包下来，专演杂耍，举凡民间艺术如踢毽子、抖空竹、练飞叉、耍坛子、戏法、单弦、坠子、快书、单弦拉戏、各种大鼓书（在杂耍里，不管什么地方的大鼓，只能列为大鼓，不准另外分类的），百戏杂陈，不但社会人士耳目一新，影剧界、梨园行也大力捧场，从此杂耍在娱乐方面才奠定了始基。

杂耍虽然花样繁多，可是仔细分析起来，大鼓、相声，是其中两项最受大家欢迎的玩意儿。

京韵鼓王刘宝全

谈大鼓，首先要说"白发鼓王"京韵大鼓刘宝全，他是同治年间生人，出身梨园，先学昆腔，后改皮黄；他在毯子功上，很下过几年工夫，所以他过了古稀之年，腰杆挺直，眉清目朗，白胡如银，仍然有股子逼人英气。他最大的长处，是不烟不酒，守身如玉，一过五旬就断了女色，所以他底气充实。加上嗓筒高、亮、圆、润，京音拿得稳准，韵角押得严正，把昆乱里边的精华都谱入大鼓新腔而不着痕迹，比画刀枪架子边式利落，蔚为大鼓界一代宗师，实在不是偶然幸致的。他上台献唱一定是长袍马褂，冬天在长袍上还加一件巴图鲁坎肩；他说这是艺人对主顾应有的礼貌，如果不衫不履，还谈什么敬业迎宾呢！至于晚年在小梨园登台先漱口，附带用手帕擦嘴。他说那是因为年纪大了容易口干，本行规矩有别于京剧的，是不准台上饮场，这是有愧于中不得已的措施，绝非故意摆谱，请主顾们多多原谅。

刘宝全生前最佩服的是逊清内务府大臣奎乐峰（俊），每逢奎的寿诞头一天，他必定带着三弦、胡琴、琵琶、月琴去暖寿。有一天奎大人一高兴，在小花厅穿衣镜前支好鼓架子，让刘宝全唱了一段《关黄对刀》。因为这个大鼓段里刀枪架子最多，他爱看使出身段的后影，结果刘初次对着穿衣镜唱，往前看，越看越毛咕，一段《关黄对刀》唱完，里面的小褂裤全汗透了。刘自己说，就是在西太后御前献唱也没有这么紧张过，不知是什么缘故。刘宝全是民国三十一年冬天去世的，他的玩意儿没有传下来，有的也只是一鳞半爪，实在太可惜了。

梅花鼓王金万昌

　　笔者第一次听金万昌，是在北平哈尔飞，他虽年近花甲，已经步履龙钟，可是一上场打一通鼓套子，已经让人叫绝了。梅花大鼓又叫梅花调，行腔媒艳柔媚，跟行云流水的京韵大鼓又自不同。金万昌躯干轩昂，可是唱起来缠绵悱恻，柔靡醉人，在过门行弦的时候所打的鼓套子更能丝丝入扣，令人叫绝。梅花调都是些才子佳人故事，所以他收的徒弟以女唱手为多。他的接棒人是花四宝，嗓音脆亮，婉丽清新，在天津颇受台下的欢迎，被听众捧成梅花鼓后。其实抗战之前，北平有所谓华北三艳：方红宝的京韵大鼓，学刘宝全不带雌音；姚俊英的河南坠子，眉目如画，长辫委地；郭小霞梅花大鼓，私淑金万昌，能模仿她老师金万昌一张嘴"嗳那"小腔，喷口音节，闭上眼听跟金万昌丝毫不差。郭小霞年轻顽皮，时常管她师傅叫丘吉尔。我有一次问她，你为什么叫你师傅丘吉尔呢？她拉我站在鼓架子上首，让我斜看金万昌的长相，果然跟丘吉尔有虎贲中郎之似。据说这个外号是天津名小说家刘云若给起的，真亏他怎么想得起来的。

醋溜大鼓王佩臣

我听王佩臣时，她已然是不施脂粉，素面天然，秋娘老去了。她原本是唱乐亭调梨花大鼓的，她的长处是口齿伶俐，绝不走音，想她唱《王二姐思夫》（又名《摔镜架》），一句词有二十七八个字，她唱起来如珠走盘，稳稳当当板眼无差。固然是她的弦师卢成科托衬得严，而王佩臣这份儿功力，也是不作第二人想的。台下捧场的人多，她唱得就越起劲，她自称"王佩老大臣"，在丝弦弹过门时候，她能很快地跟台下听众聊天儿，她说这叫情感交流，台上台下打成一片。有时她拿弹弦的卢成科斗个嘴，俗不伤雅，也能让大家解酒醒脾。有人说张恨水《啼笑因缘》中的沈凤喜，就写的是王佩臣伤心往事。南京大中华影剧公司顾无为组织了话剧团远来平津献演，顾的两位夫人卢翠兰、林如心，也不知听谁说王佩臣就是张恨水笔下的沈凤喜，所以一到北平，就托当时华乐园的老板万子和跟王佩臣谈谈，结果是在中央公园来今雨轩见的面，王佩臣把头发往上一拢，眉心掐着一点红美人痣，嘴里叼着六寸长的象牙烟嘴，穿着一件墨缎子旗袍，敞着脖领儿，说的又快又土纯北平话，顾的女儿宝莲一看就觉得不像沈凤喜，谈没多久就结束这次会面。事后王佩臣跟人说："若干的人都以为张恨水笔下的沈凤喜影射的就是我，其实我知道恨水所写沈凤喜是宗氏双兰的妹妹宗玉兰，大家这一疑惑不要紧，我倒白吃了不少顿中西大菜，我真得谢谢沈凤喜呢！"

　　杂耍里大鼓虽然列为一项，可是范围最广，人才最盛，除了以上三种大鼓外，还有"西河大鼓""京东大鼓""山东大鼓""唐山大鼓""奉天大鼓""滑稽大鼓"等，白云鹏、白凤鸣、小黑姑娘、朱玺玲、魏喜奎等各有专精，总之人才济济，一时也说之不尽。至于单弦快书、八角鼓、太平歌词，严格说起来，都不属于大鼓范围，我们姑且搁在一边不谈，现在就谈谈相声吧！

御前犯瘾万人迷

　　"相声"是无所不学、皆相其声的一种技术，所以叫作相声。相声的内容不外是说、学、逗、唱，方式有单口相声、对口相声、多人相声三种。单口相声，一个人坐在桌子后面一人干说，非有真正功力的高手，是叫不住座儿的。北方有一个吉评三纯粹以聊闲篇、说笑话为主。华子元以学各位名伶腔调逗乐，又叫"戏迷传"，其实也是单口相声。上海有个韩子康，他的单口相声是以口技来号召。扬州有个朱大麻子，三言两语能逗得听众捧腹大笑，而且所说笑话极少重复，可惜扬州乡音太重，只能在苏北里下河跑码头，论玩意儿实在是冷隽幽默，不可多得。陈含光先生说他听朱大麻子相声，至少在一千段以上，只听过一次卖扁食重复了，您说他肚子里有多少笑话？对口相声一逗一捧，生动活泼，比单口容易讨好，所以比较普遍。至于多人合说相声，属于捧场凑热闹性质，那就不算是相声正宗了。

　　说相声老一辈的艺人，首推"万人迷""张麻子"两人，杂耍艺人能够进清宫御前献演的，只有"抓髻赵""万人迷""张麻子"三人。"万人迷"常说，他吃过上赏的豌豆黄，还有西太后御用的福寿膏。因为"万人迷"鸦片烟瘾极大，有一次宫里传差，他把大烟抽足了兴高采烈地跟着传差的进宫，准备在御前好好露两手，谁知"抓髻赵"连唱了三段什不闲儿，他烟瘾一过，浑身直冒冷汗，站在那儿连眼皮都抬不起来啦。西太后一看"万人迷"这副德行，以为他不是得了急症，就是中了邪啦，一问大公主，才知他是犯了烟瘾，于是赏了十个烟泡儿，让他抽足了再说。谁知"万人迷"磕头谢过恩，等不及移灯就火，一扬脖儿就生吞两个烟泡儿下肚，其余八个就揣起来了。精神一振作连说了《八扇屏》《大上寿》《报菜名》三段吃重的活儿，逗得太后龙颜大悦，那次特别赏了一块打簧金表还有二十两银子。前门外有一位绸缎庄掌柜的，也是位资深的瘾君子，听说"万人迷"有八个御用的烟泡儿，抽下去能治百病，还能延年益寿，于是千方百计托人跟"万人迷"情商想把烟泡儿给匀过来。"万人迷"一看是只肥羊好买卖，一个烟泡儿要用十两西口土来换，而且最多只让四个泡儿，人家一一照办。"万人迷"得意非凡，后来把这档子事还编出了相声，形容犯烟瘾的穷凶极恶，令人笑得都肚子痛呢！

得到"万人迷"传授的是张寿臣，给他当下手的是陶湘茹，长得一副舅舅不疼姥姥不爱的窝囊相，可是玩意儿真地道，你逗我捧，说得是严丝合缝点水不漏。张寿臣的山东话也是他的绝活儿，他能把鲁东鲁西的话分得清清楚楚。"长腿将军"张宗昌，在北平住石老娘胡同时候，有一次叫了一档子杂耍来庆贺端阳，张宗昌要他用登、莱、青的话各说一遍《劝徒弟》，说完正赶上张推牌九坐庄大赢，一高兴说这一锅赢多少都归你吃红，结果张寿臣分了七千多块现大洋，照当时市价算，可以买好几百亩上则田啦。中国有句俗语是"艺人不富"，他过了几个月舒心日子也就把这些大洋折腾光啦。

爱国艺人小蘑菇

张寿臣晚年调教出一个好徒弟常宝堃来，常的艺名叫"小蘑菇"，长得滑头滑脑，伶牙俐齿，满嘴新名词。他的父亲叫常连安，在富连成坐科，虽然跟马连良是师兄弟，可惜祖师爷不赏饭吃，唱、做、念、打，要什么没什么，只好给小蘑菇捧捧哏啦。张寿臣常说："常连安给儿子捧哏，越捧越不哏，早晚父子俩一块儿鞠躬下台。"日子长了，常连安也体会出自己连捧哏都不是块料，这才洗手收山，每月跟儿子领"退休俸"去当老封君，换上赵佩如给小蘑菇充当下手。小蘑菇到了抗战期间，在相声界渐渐成了新派艺人领袖，平津的杂耍园子争相延聘，他也真肯下功夫，不时编一两段新鲜玩意儿来说。有一年中秋节在哈尔飞说了一段买月饼应景的故事。他说，有一天他去天桥找"云里飞"，走到前门大街正明斋饽饽铺门口，看见玻璃窗内陈列一只翻毛月饼，足有七寸盘子那么大，标价五块钱，他一时动了孝心，打算买一个回去孝敬他姥姥晚上压咳嗽。谁知进去一看，那只磨盘大的月饼比颗象棋子大不了多少，出来看仍旧是大磨盘似的，进去看依然是不丁点。他再仔细一琢磨，敢情月饼前头放着一枚放大镜，所以从放大镜往里看月饼自然放大了若干倍。他跟掌柜的一打听，掌柜的说："在皇军管制范围内，面粉油糖都受管制，能做出月饼来卖，已经是皇恩浩荡了，您别不知足论大论小啦。"这些话不几天传到了日本宪兵队的耳朵里去，少不得把小蘑菇抓去问话，虽然第二天就把他放出来，挨揍没挨揍不得而知，可是足足在炕上躺半个多月才上园子那是事实。日本人提倡大东亚共荣国，华北地区，只能吃混合面，连洋白面都吃不着了。小蘑菇在说《开饭馆》那段相声时，借题发挥，他说："现在可好了，大家要过舒服日子啦，现在洋白面可落价了，一袋子只卖两块二毛五！"（抗战前夕北平三阳牌面粉，每袋子二十二公斤确实卖两块二毛五一袋子。）赵佩如问："真有那么便宜吗？"小蘑菇从怀里掏出一个狮子牌（日本出品）牙粉袋来说："就是这种袋子呀！"结果又被狗腿子们弄到日本宪兵队臭揍一顿。三番两次被日本鬼子一折腾，无形之中台下听众心里都认为小蘑菇是爱国艺人，更欢迎他啦。抗战一胜利，北平前进指挥所主任张雪中中将，对沦陷区抗战时期忠贞不屈的教授们每位致赠两袋子洋白面，小蘑菇居然也获得那份儿荣宠，他自己也觉得这经年艰苦算没白熬。

假斯文高德明

高德明初寂寂无名，是在电台上给明明眼镜公司做广告一下子红起来的。他跟绪德贵是上下手，高德明实大声洪，说话干脆利落，配上绪德贵萎缩窝囊的神情，可以说相得益彰，天生一对。他有几段绝活，《永庆升平》学胖马说山东话，走《倭瓜镖》把当年镖局子接镖、起镖、走镖、收镖说得头头是道。后来他在西单商场启明茶社说相声，北京大学有几位社会学教授，每天风雨无阻到启明茶社听高德明说相声。前几年在台北逝世的汪氏中文速记发明人汪一丁（怡）教授曾经跟我说，听高德明的相声，因为他发音正确，启发了他不少灵感，有些速记用符号，都是听他的相声领悟出来的。高德明虽然读书不多，仅识之无，可是他别具只眼，对字画的鉴赏力甚高。他有两幅真石涛，也有几幅假石涛，还有几幅仿石涛，他能指出布局、笔法、气韵、点染的优劣，甚至于纸张、图记、印泥、裱工也能说得头头是道。他自己说他就爱山水画，没事就到胡佩蘅家看他教学生画画，一边改画稿一边讲说画法的精奥，久而久之，自然而然就变成鉴赏的行家。

　　同行中有位说相声叫张傻子的，上过几

年中学，自认是斯文一派，他看高德明是个粗坯，还懂什么字画，给他起了个外号叫"假斯文"。有一年夏天，扬仁雅集在中央公园四面厅开扇面大会，张傻子跟高德明一块儿逛公园，遇见北平清流派画家溥雪斋、溥松窗两位画家也来看画展。高德明买了两个扇面，一个是徐燕荪画的工笔仕女"红线盗盒"，一个是惠拓湖画的青绿山水。溥雪斋看了这两扇面跟张傻子笑着说："你们管高德明叫假斯文，可是看他选的这两个扇面，他对画的鉴赏能力，已经有相当火候，假斯文应当改为真斯文了。"后来高德明在相声场子里，把这桩事抖搂出来，大家才知道高德明看画，还真有两把洋刷子呢！

后起之秀侯宝林

相声界后起之秀是侯宝林，他跟郭启儒是上下手。侯宝林是外号"大面包"的朱阔泉的手把徒弟，"大面包"跟老一辈的相声名家崇寿峰学过艺，能自编段子，不但合辙押韵，绝对能让您乐得消痰化气。可惜是他过分痴肥，精神不能集中，在台上老想打盹，口齿又不清楚，白天带着侯宝林赶庙会，或是平民市场摆地摊儿的场子，到了晚上师徒二人就到花街柳巷串胡同递折子啦。说相声的下街串胡同，必定有个小手折，把会说的段子都写在上面。串妓院有个规矩，只准进北班子递折子请姑娘客人点唱，南方班子姑娘都是南花北植，不懂相声，所以不准进门兜揽生意。据老于此道的说：折子分折子里、折子外两种，价码也两样，折子里的都是光明正大不带脏字儿的段子，折子外头的有《八扇屏》《补袜子》《西门庆家宴》《大姑娘洗澡》等，那就五彩缤纷，黄中带粉，能让您听得面红耳赤，大把掏钱了。

在敌伪时期，侯宝林渐露头角，过不几天，就能编出几段新玩意儿来。他说：听人家背地里说，日本人把白米、白面都供应军需，愣说混合面营养卫生，强迫大家来吃。他不信邪，吃了一个礼拜混合面，得了粪结，愣拉不出屎来。有好心人送了他半小瓶梳头油，他是恨病吃药，半瓶油立刻就倒在嘴里顺流而下啦。不一会儿就感觉肚子痛，蹲在茅坑上，一个劲儿劈里啪啦拉出一根小劈柴棍儿来，敢情混合面掺有锯末子，您说坑人不坑人？

侯宝林嘴甜人缘好，虽然没人检举，可是说了这个段子，也害得他几天没敢上园子。最近看新闻报道说，侯宝林当了大学教授，这在杂耍艺人中可算是一种异数，希望他保此天真，一灵不昧，也不枉他师父师叔们调教他一场啦。

离不开醒木、扇子、手帕的评书

先祖母当年很喜欢听评书，夏日午窗梦回，晚餐茶烟歇后，听上两段逗哏有趣的评书，倒是醒睡解闷最好的消遣，因此舍间请了一位会说评书的盲人叫张月亭，每天下午到晚饭后说上几段评书。当时尚未发明收音机，更谈不上电视机，听两段评书，能够消痰化气，的确不错。笔者幼年每天放了晚学，总要到祖母跟前听张月亭说两段评书，什么《八魔炼济癫》呀，《白玉堂丧命冲霄楼》呀，说得剑戟森森，博雅清丽，都是他最拿手的书段。

北平真正说评书的，没有盲人，张月亭

是因病而盲的，说评书的全是自幼投师学艺，可不是三年零一节算满师，难要等师父看你成气候传了三宝，才能单挑出外拉场子卖艺呢。说评书的，别人称他们先生，本行则称"使小家伙"的，至于"使大家伙"的就是弹三弦拉四胡唱大鼓的啦。他们所谓小家伙一共三样，也就是师父传的三宝：醒木、折扇、手帕。醒木是开书收书打中腰（分段打钱）用的，醒木最忌别人在桌上乱拍，所以说评书的醒木，平素总是揣在怀里的。醒木声音讲究响而脆，所以醒木多半是用花梨紫檀、酸枝、红木一类名贵木料做的。说了一辈子《七侠五义》的王杰魁，外号叫"净街王"的，他有几块好醒木。一块是木变石的，不管怎么摔砸，虽然是块石头，可是摔不裂砸不碎，夏天拿在手上，永远是彻骨凉的。一块柴木抠的是八仙人儿，微细精巧，不但眉目如画，就是衣纹背景也都琦玮逸宕，令人看个不忍释手，是当年内务府大臣奎俊

（乐峰）赏给他的。他们同门师兄弟有个专门说《五女七贞》叫袁杰英的，他说那部书逗乐子的地方固然很多，加上他人又长得哏头哏脑，他的那块醒木又是黄杨木的，一震醒木开书，劈啦拍啦一响，人没张嘴，大家已经来个敞笑啦。折扇是拿它当刀枪架、上朝牙笏，或是随身携带的小零件。一般在书馆儿里说评书的扇骨，不是光面水磨竹的，就是黑红两色建漆的。至于皮雕麻雕湘妃竹一类娇嫩扇骨怕一拍一打折骨脱轴，影响临场气氛的，所以行规一律不准使用。只有郊外野茶馆，所谓说野台子评书，没有师承说书先生，没有任何规矩，凭个人好习，真有用二尺半水磨竹油布面上绘梁山一百单八将大扇子的。据说当年评书泰斗双厚坪也有一把三尺长集锦大折扇，一面写的是正草隶篆，另一面画的是水墨丹青。不过人家只是放在桌上摆摆样子，说书时另用一把折扇，他那把大扇子是从城隍庙都城隍手里匀过来的神扇，所以大得出奇（笔者在苏州一家古玩店看一把唐六如画的工笔仕女赏月图，就是一把神扇，是真是假就不得而知了）。徒弟满师的时候，照规矩师父先把醒木、折扇、手帕三样东西放在金漆茶盘里，徒弟跪在师父跟前聆训之后，磕头领受。仪式庄严隆重，等于出家人领了衣钵戒牒，从此就可以外出拉场子卖艺啦。

说评书分为大书小书两种，大书说《列国》《三国》《东汉》《西汉》《岳传》《明英烈》等类的历史书，小书有《水浒》《聊斋》《济公传》《彭公案》《施公案》《三侠剑》《善恶图》《绿牡丹》《天雨花》《五女七贞》《永庆升平》《七侠五义》《雍正剑侠图》等类演义说部。大书要说"盔甲赞""袍带赞"，要把文臣武将打扮穿戴、兵刃坐骑交代得清清楚楚，而且必须实大声洪一气呵成。抗战之前连阔如说《东汉》形容万马奔腾真是声震屋瓦，有如万流归壑一般。王杰魁在电台上说《七侠五义》慢条斯理，不慌不忙气格连绵，听得入神，能让您不知不觉撂下手里活儿来静听，所以才赢得净街王的雅号。赵英颇是专说《聊斋》的，讲究安排细腻轻艳侧丽，能把鬼狐故事说得活灵活现，让人听得毛骨悚然。他在书馆总爱说灯晚儿，电台上更是晚上收播前，最后一档子才说，因此他善于制造骇人气氛，听完书让人有毛毛咕咕的感觉。

说评书的地点

清茶馆儿是他们的根据地。开茶馆的跟说评书的先生，不是磕过头的把兄弟也是交情相当深厚的。东四西单鼓楼前以及天桥的西市场和平市场，凡是有清茶馆儿地方，差不多都要请一档子评书来拴住茶座。每天差不离都是下午三点多钟开书，晚饭之前散场，另外带灯晚儿的，晚场都要十点来钟才能散场呢。说评书的高手，真能让人越听越上瘾，比电视连续剧还能吸引人。听上瘾后，每天风雨无阻，非听几段不可，要是今天没听书，好像有点事没做完，连觉都睡不踏实。当年名净金少山就是一位有名的评书迷，他到宣内一个茶馆里听袁杰英说《五女七贞》，当天他在新新大戏院有戏是全本《连环套》，到了该上装时候，金霸王还没影子呢，把个新新大戏院的老板万子和急得直转磨，催戏的一趟一趟往书馆跑。金霸王听到欲罢不能的节骨眼儿，就是不起身，来催戏的差一点儿没给他下跪。园子里没办法，只好给垫了一出《瞎子逛灯》，朱斌仙、高富全一瞎一瘸每人唱了二十多句原板，才把金老板催上台来。头场窦尔墩连脸都没勾全，只是打好底子没加蓝勾边，到二场再上，才算把脸谱勾齐，您说听评书够迷人吧！

　　笔者听评书虽然够不上是个书迷，可是有一阵子也上过瘾，因为工作太忙，才慢慢地淡忘了。后来有个时期到苏北的泰县去工作，每天上午忙完，下午就没事了，午梦乍醒，偶然信步闲逛，看见有一茶馆门前窗外挤满了人，都在听书，正有一位说书先生叫朱浩如的在说《后水浒》。起初以为苏北说书的，一定没有北平评书说得精彩，抱着姑且试听一番的性质进去坐了下来。场子上的布置南北大致相同，只是给茶客沏茶不用茶壶，也不用盖碗，而是带盖上下一样粗的中号茶盅。另外就是北方早已绝迹论袋卖水烟的，这种烟袋嘴能长能短，伸缩自如，隔着几张桌子都能给茶客递过来吸用。冰凉挺硬的铜烟嘴儿在您嘴边一蹭，真令人想起《儿女英雄传》里安龙媒吓了一跳的情形了。说完一段书也是茶博士拿着簸箩收钱，行话叫"打转"，卖水烟的也就跟着收水烟钱，大概比抽烟卷要省一半儿的钱。苏北说书的，大家都尊称他先生，彼此见面都非常客气，熟脸色还要先打个招呼。开讲之前先生一亮醒木，静静场子，然后念四句定场诗，头一两句声音微细简直听不见，后两句才大致听清。据说这是说书的规矩，这样才能让听书的凝神而听，先生清茶漱口润润喉咙，跟着大声开讲。有些天天去的老茶客必定强嬲先生说上一两段笑话，然后书归正传，所说笑话有荤有素，可是荤不露骨，俗不伤雅，非常含蓄，都是一般人平素没听过的。朱浩如说书词韵清旷，而且神满气足，从不懈怠。他形容一个人刻画入微，让您觉得如见其人，如闻其声。记得他形容梁山好汉"没面目焦挺"脑门子上生一块肉瘤，平素软软下垂，把眼睛眉毛都遮盖起来，可是一紧张兴奋，百脉贲张，肉瘤一充血，立刻竖立起来，对于打斗毫无妨碍，他叫没面目的原由在此。这种发前人所未发，而且入情入理，的确高明。他说他十九岁就出师在大江南北各地说书，在这部书里浸淫了三十多年，才算是把这部书吃透，可是临场说出来，觉得还有缺欠。每年茶馆封灶书场封书的头一天，他一定另外奉送一段他最拿手的"梁山好汉重九登高大摆菊花山"，他把三十六天罡七十二地煞真实姓名外带绰号一百单八将，一个不漏，一口气说下来。当然最后打转，听书老客自然要多破费几文，请先生吃顿舒服愉快的年夜饭喽！

扬州听评书的风气最盛，说评书的好手如云，每人都有出奇制胜的绝活。教场茶馆多也是说评书的大本营，记得有位说《清风闸》俗名皮五癞子的，插科打诨，随机应变，增添了若干异想天开的笑料，加上他嘴脸动作都蕴藏着幽默滑稽，我想如果请那位仁兄来到此间，给电视台的综合节目来编桥剧，刻峭清丽的博辩，含蓄蕴藉的逗哏，那比现在的硬滑稽，岂不高明多多吗？

王少堂说《水浒》

北方人也许不清楚他是怎样的人物，但

在大江以南那可是赫赫有名的。王少堂一生只说一部书《水浒》，跟北平王杰魁一样吃了一辈子《包公》，是南北相互辉映的。王少堂说《水浒》逢到炽烈的厮杀打斗，立刻从座位上站立起来，不但摆架式耍身段，嘴里不单要人喊马嘶，还要给双方书中人通名报姓。手里那把扇子一会儿当短刀，一会儿变长枪，砍杀刺搠，各有各的招式，向左一转是英姿卓荦的卢俊义，向右一翻是巾帼须眉的扈三娘。有时候一个人要描摹几个人的动作嘴脸，而且形容得惟妙惟肖。有时正当听久了，怕人发烦还要穿插上点噱头（行话叫"虚子"），引得大家哈哈一笑，给人提神醒脾。每场收书的扣子，为了生意眼还要引人入胜拴得紧紧的，让听众欲罢不能，明天非来不可。南北说评书的放在一块来衡量，王少堂"书坛泰斗"这个称呼可算当之无愧了。

抗战之前，在上海治事之所，大部分同人都是扬镇一带朋友，谈起王少堂"宋十回"

如何塑造意境，穿插洗练曲折，"武十回"如何英勇豪迈优爽任侠，"卢十回"如何滉漾恣肆奇彩缤纷。大家越说越来劲，恨不得立刻听两段《水浒》才过瘾似的。恰巧有位同人回扬省亲，于是大家一起哄，愣是把王少堂约到上海来了。当时大中华饭店里有个东方书场，演唱苏滩弹词的，于是在书场里加了一档子王少堂的《水浒》。开书先说"武十回"说到了《武松醉闹鸳鸯浦》，有位老兄听到这种紧要关头，偏偏奉派去南京公干，公务在身，南京是非去不可，可是又舍不得不听。在进退两难之下，被王少堂知道了，王问他几天回来，他说四天准回，王说你放心前去，我就等你四天。这四天，他在台上东拉西扯，说的全是书外的虚子，说的虽然都是虚子，可是段段精彩，听众没有一位感觉厌烦的，而且认为耳福不浅。等某君公毕返沪，到书场一露面，王少堂立刻调转话风，书归正传接上原书，一点不露痕迹。王少堂说，如果再拖个两天，仍旧能让大家听得津津有味，他这点道行，就是北平评书大王双厚坪复生，恐怕也不一定办得到呢。笔者幼年听惯了王杰魁、赵英颇、连阔如说的北方评书，以为南方评书无论如何，总要略逊北方一筹，哪知听了朱浩然、王少堂扬州话的南方评书，两者一比较之后，讲书段的结构，穿插的严谨，音容笑貌的蕴藉博雅，什么身份说什么样的话，南方评书真有比北方评书高明的地方。后来仔细一研究，宋代虽然就有了评话，可是到了明代末年才加以发扬，说评书的鼻祖是海陵的柳敬亭外号叫柳麻子，海陵就是现在的泰县，评书的发源地是苏北泰县，而且代有传人，现在去古未远，说评书南胜于北是渊源有自的。

江南昆常苏锡一带，也讲究说书。说评话的叫"大书"，唱弹词的叫"小书"。说大书也不外《封神》《西游》《三国》《水浒》等；小书多半离不开后花园私订终身，落难公子中状元的窠臼，属于缠绵悱恻故事，如《西厢》《三笑》《珍珠塔》《双珠凤》《玉蜻蜓》之类，弹词要借助于三弦琵琶连说带唱。还有女说书的，我们暂且不去谈它。至于说大书所用的道具醒木、折扇、手帕，无论南派北派说评书的，都是大同小异的。个中高手也讲究架式身段绘影绘声，每段书都想法掀起高潮，把书扣子拉紧，让客人在散场时节第二天还要听听下回分解。有了这种拉住书客的本事，在书场里才算红牌先生呢！

在江南听书，笔者最爱听年底封箱前的会书。所谓会书，就是年尾前三五天的各书场都要按规矩请上几场会书，这是书场老板跟说书先生们为终岁辛劳的茶博士筹上一笔压岁钱。这跟北平梨园行，每年过年之前总要唱一次大义务戏，美其名曰窝窝头会，让前后台龙套零碎苦哈哈儿们也聊以卒岁，过个肥年，其用意是完全相同的。参加说书的先生们，不但纯尽义务不拿车钱，而且个个特别卖劲，把掏心窝子的玩意儿都要抖搂出来。除了暗含着彼此较量较量的成分外，对于来年的生意也有莫大关系。此外哪位先生叫座力强，来年茶房的茶水侍应都会特别殷勤周到点呢！有此三者，所以在苏常一带能够听一场年终精粹尽出的会书，的确是大饱耳福的难得机会。

抗战胜利，初到台湾，延平北路龙山寺一带喝功夫茶的老人茶馆，还有说书先生在说书，排场气氛，跟北平的馆书，大致仿佛。可惜彼时刚来不谙闽南语。现在老人茶馆已成凤毛麟角少而又少，除了在小街陋巷偶或发现有一两处茶馆带有人在讲古外，要想找一个连续正式说书的场子，简直渺不可寻，已成陈迹了。有一两次电视中午节目有说评书项目，可是穿着不古不今，言词动作，拿腔做调过分做作不说，跟在书场听书的情调完全两样。收书时还要弹着月琴唱四句书尾，声调平俗韵律全无，实在难收破闷除烦的效果。笔者离开大陆时，一些老艺人有的年岁早逾花甲，就是年壮一点的也过五望六了，现在计算起来，仍旧活在世上的恐怕也寥寥无几，将来想再听评书可能没丝毫指望，评书这行，恐怕是历史的名词了。

谈失传的"子弟书"

现在谈"子弟书"。在台湾甭说听过子弟书的人恐怕没有几位，就知道子弟书这个名词的，也寥寥无几啦。

子弟书是清代嘉庆、道光年间，最流行的一种杂曲。因为乾隆时期盛极一时的八角鼓太平歌词，大家听久了觉得厌烦，于是八旗中有那才思敏捷、文笔流畅的子弟，依据北方习用的十三道辙口，编出了一种七字唱，分大、中、小三种回目，大回目可长到二三十段，篇幅短的可不分回目，像岔曲里的《风雨归舟》就是从子弟书里摘出来的。开书之前来一段西江月或是一首七言诗，把书中大意约略表明，这种书头叫"诗编"，行话"头行"，就像弹词的"开篇"一样。

子弟书因为是文墨人编的曲文，听众又都是八旗中高尚人士或一般清贵，所以仪式规矩辙口，都比较严肃不苟，每唱两句，必须合辙押韵，每一回限一韵，两段以上回目才准改辙换韵。至于书的内容，以描述当时风土人物、社会百态为主题，前朝传奇说部、京剧故事为辅。

腔调又分东城调、西城调两大类。东城调又叫"东韵"，是高云窗、韩小窗、罗松窗所编写，大半都是忠孝节义、慷慨激昂的故事，辞情俊迈，音调高昂，有点像弋阳高腔，韵脚不出九声，当时"三窗九声"是最博得人们赞赏的。西城调又叫"西调"，系鹤侣、鹤鸣昆季，德穆堂，铁松岩几位名士遣兴之作，所以柳弹莺娇，吞花卧酒，全部是缠绵悱恻、艳靡悦人的曲文，尤其歌词里的双声叠韵为其特色。无论东城调、西城调，全是出自肚子里有墨水的文人雅士手笔，所以词旨流畅、文采辉映，可惜曲高和寡，终于渐趋没落以至失传。民国初年，北平入晚，沿街唱话匣子的，偶或带有一两片韩小窗《别母乱箭》《草诏割舌》忠愤踔厉的唱片，后来因为点唱的人少，也就销声匿迹了。

民俗家张次溪最喜欢搜求各种词曲孤本，有一天跟同好金受申在宣武门内头发胡同晓市闲逛，无意中发现有二三十本"子弟书"抄本，以极少代价买了下来。据荒货摊上人说，是打小鼓的在某王府收破烂，当荒货买来的，其中属于东城调的有《重耳走国》《凶骜闹朝》《完璧归赵》《云台封将》《麦城升天》《白帝托孤》《徐母训子》《尉迟夺印》《一门忠烈》《胡迪骂阎》《千金全德》；属于西城调的有《葬花》《撕扇》《补裘》《焚稿》《沉香醉酒》《昭君和番》等等。此外有一些滑稽曲文有《黄粱梦》《小龙门》《穷大奶奶逛西顶》《揣秃子过会》，把社会各种丑态，可以说描摹尽致，还夹杂不少俏皮话歇后语，后来滦州皮影戏里《小龙门》《过会》都是从子弟书剽窃而来的。

笔者有一次在北平大甜井伦贝子府跟溥伦兄弟从京剧、昆曲聊到子弟书，我说子弟书只闻其名未听其声，实在太遗憾。伦四说府里有个黄瞎子是当年专门给太福晋说《儿女英雄传》的，他跟唱大鼓张筱轩都是东城调名家韩小窗的传人，现在仍然住在府里吃闲饭，可以让他来唱一段，让你饱耳福。古调重弹我为之欣慰不置，黄的名字叫子霖，是一名笔帖式出身，对于八角鼓、马头调、快书、大鼓，都特别爱好，后来双目失明才学会子弟书。那天他自己弹三弦，唱了一段《贞娥刺虎》，我对证原本来听，字字入耳，不但词句清蔚，而且结构绵密，算是饱了一次耳福。

不是爱好曲艺的人，听来兴许沉闷欲睡，听不出好在哪里的，后来在缀玉轩遇见齐如老谈到子弟书，齐如老对于各种曲艺，都研究有素的。我请教如老，西城调以红情绿意为主，何以才子书《西厢记》，就没编成子弟书？如老说："早年在阀阅门第中把《西厢》看成诲淫书籍，曹雪芹写的《红楼梦》，茗烟给宝玉买了一套《西厢记》，要偷偷带进园子里背着人偷偷看，可见当时《西厢记》是列为禁书的。子弟书是八旗子弟编写，而听书的对象又都是旗里有身份人物，《西厢记》没能编入子弟书的道理在此。"听了如老这段分析，才恍然大悟。

现在能氍演子弟书的人固然没有了，我想各大图书馆里，或者仍有子弟书的本子收存，其中有关清代社会风土人情的资料极为丰富，倒是研究清代社会史的一个宝藏呢！

也谈文明戏

三月二十四日，裴可权先生在《中国时报》"人间"版写了一篇文明戏，把我听文明戏的陈年往事，又重新一一勾上心头。民国初年北洋政府财政部次长朱耀东给他慈母庆祝八旬正庆，在寓所唱堂会戏娱亲酬宾，笔者从小就是个标准戏迷，拜寿之后，当然入座听戏。

记得是贵俊卿、路三宝的《浣花溪》刚一下场，台上的文武场一律偃锣息鼓，走进后台。戏提调登台报告说："下面一出是上海某闻人送的文明新戏，由刘艺舟先生主演的《太平天国》，请各位来宾亲友入座欣赏。"接着就是这出好戏登场，本来是锣鼓喧天，忽然一下子变成有说无唱的文明戏，大家似乎都有点别别扭扭的。可是等刘艺舟饰演的天王洪秀全一亮相，头缠红丝巾，上压镶水钻的慈姑叶儿，身穿没水袖的纯红无花的开氅，足蹬芒鞋，手拿二尺多长金如意，脸上揉红画浓眉，黑鼻窝，大嘴岔，这身向所未见的打扮；以及声若洪钟的广东官话（据说因为洪是广东花县人，所以说广东官话），训谕四位王爵有如长江大河滔滔不绝，还真能静场，台底下愣是鸦雀无声。当时有些人说刘艺舟是天生演说长才，的确允当，这是笔者第一次听文明戏永留脑海的印象。

没过几年，北平市政当局把前门外香厂一带开辟为万明路新社区，先盖新世界，后建游艺园。这两家游乐场，除了京剧、电影、杂耍、魔术之外，都各有一场北平人认为新奇玩意儿的文明戏。新世界的文明戏跟杂耍同一场子，日夜两场都是杂耍在先，文明戏在后；游艺园是魔术团、文明戏同一场子，魔术完了接演文明戏。

新世界的文明戏叫"醒钟社"，是由上海唱滑稽戏的秦哈哈、江笑笑等主持，多半剧情偏重于笑闹逗乐，他们的场子，排在杂耍后面。早年的杂耍以大鼓、单弦、八角鼓、什不闲为主，台下的顾客，多半是上了几岁年纪的听众，杂耍一散场，大家对于文明戏兴趣缺缺，总是一哄而散，等文明戏上场，台下的观众永远是稀稀拉拉，简直叫不上座儿来。过了不久唱大鼓的白云鹏又发生了一桩桃色事件，被警察厅插标游街驱逐出境，杂耍因此停演。醒钟社的文明戏更是独力难撑大厦，只好鸣金收兵，秦哈哈一般人也就循海而南，回上海重理旧业，演他们的滑稽独角戏去了。

谈到城南游艺园的益世社文明戏，想不到居然轰动九城，热闹了好几年，可算是有幸有不幸了。他们益世社跟魔术大师韩秉谦、张敬扶同一个场子，韩、张的大套魔术，那比快手刘他们旧式中国戏法，要新奇诡异引人入胜多多，加上"大饭桶""小老头"的滑稽，男女老幼人人欢迎，每天一开演，观众总是挤得满坑满谷的。益世社接这么热门的后场，一开始就沾光不少。

益世社是由李天然、胡化魂两人主持的，当时警厅规定文明戏禁止男女合演，所以益世社是纯男性组织，所有女角都由男人扮演，比后来话剧社准许男女合演，可就难易有别啦。文明剧跟话剧最大不同之点是话剧有剧本有台词，文明戏虽然有提纲，也分幕分场，可是台词就由剧中人凭个人的口才机智即景生情，自由发挥啦。

李天然、胡化魂一演老生，一演小生，他们所演的《梅花岭》的史可法，《秋风秋雨》的林觉民、徐锡麟，《刺马》的张汶祥都能慷慨激昂，发挥得淋漓尽致。后来又加入两位生角，一位叫刘一新，一位叫周郎，周的戏带点武打招式，演《风尘三侠》的虬髯公，气魄雄浑，声调铿锵，跟京剧《红拂传》侯喜瑞饰的虬髯公魁梧奇伟可称双绝。演旦角的夏天人，是夏佩珍的叔父，此人没有喉结，蓄长发，婉约绮媚，举措多宜，有些女座看了若干次，始终没有发觉夏天人是男扮女装的。薛萍倩是专演悲旦戏的，其人美皙如玉，素面天然，张恨水的《春明外史》对薛有一段极为细腻的描述。陈秋风身材秾纤合度，加上明眸善睐，是旦角的隽才。有一位张双宜国语虽不太灵光，他专攻泼旦，强悍骄倨雌虎发威，人见人怕。张慧影以饰演女佣见长，说的一口天津话，走路好像改良脚，任何人都看不出他是男性乔装的。笔者听他演了两三年戏，有一次偶然在园外相遇，才知道他是男性。

边配角色里有两个好丑角，一叫王呆公，一名钱痴佛。演丑角要冷，要傻，要有深度，最忌硬滑稽无理取闹，此两人兼而有之。可惜当年没有电视，否则王、钱两位是现代桥剧最好的一双搭档呢！

大概是民国十二三年春节，游艺园戏楼崩坍，有位燕三小姐玉殒香消，从此城南游艺园营业一蹶不振，不久宣告歇业，这班演艺人员，也就云流星散各自西东。直到现在，凡是当年逛过城南游艺园，听过文明戏的朋友，大家一提起这班演艺人员，还有点怅惘怀念呢！

我因为小时候迷过一阵子文明戏，所以对文明戏始终不能忘怀。民国十六年初到上海，总想重温旧梦再忆昔游听听文明戏。当时上海新世界、大世界、先施乐园、永安天韵楼虽然都有所谓文明戏上演，可是那些游乐场所，品流庞杂，恐惹麻烦，未敢涉足。后来听说郑正秋、张石川在笑舞台组班演出文明戏，听文明戏也跟听京戏要让案目订座的。所谓案目就是戏园里公开的黄牛，于是请亲友设法找熟识案目预订座位才能观赏，费了九牛二虎之力，只弄到八九排座位。当时还没麦克风，有的演员嗓音细弱，坐在后座台词就听得不十分清楚了。

至于前排好座位都是些北里名葩，章台阔少，不是包月座，就是案目们给常客预留，我们这些外来人，不是老客，只好屈居后席了。当时笑舞台的文明戏，比起以前，已经大有进步，准许男女合演。当年在北平的演员如夏天人、陈秋风都改演小生，最红的女角有李拥翠、纪竹君。花国里大名鼎鼎的富春楼老六，以及花国总统肖红，天天到笑舞台邀客订座捧场，甚至跟李、纪两人结成手帕交。稍后因笑舞台租约期满，同时电影事业日渐蓬勃，郑、张两人一心开拓拍摄电影事业，笑舞台的文明戏，也就成为历史名词了。

抗战前夕，南京游艺界巨子顾无为，鉴于唐槐秋、唐若青组织的中旅在平津一带演出，极为轰动，于是脑筋一动也组织了一个大中华剧团。演员有顾的夫人卢翠兰、应宝莲、陈秋风、秦哈哈等人以及当年演文明戏的边配，有二三十人，浩浩荡荡远征北平，以张恨水的《啼笑因缘》为号召，先后在北平东城真光、西城中央两个戏院上演。他们这个剧团，虽然打着话剧的旗号，实际还没脱文明戏的窠臼，所以颇受一些名门巨室、有闲有钱阶级的欢迎。

想不到演出不久，剧团中有少数败类发生了桃色事件，在东方饭店被警察当局抓个正着，全团受了被驱逐出境的处分。他们这帮人逃到天津另开码头，后来旧习不改，还是因为行为失检，勒令停演，大中华剧团也就无疾而终。听说这一次顾无为大大伤了元气，从此也就一蹶不振啦。

抗战军兴，上海在日军占领初期，英法租界骤然间成了孤岛上的黄金地带，租界里顿然呈现出奇的繁荣。璇宫大戏院唐氏父女主持的中旅卖座鼎盛，石挥、孙景璐他们在辣斐花园号召力也不弱，兰心大戏院张伐、黄宗英的古装戏更是出奇制胜。在那一段时期，话剧的剧运如火如荼，令人振奋激赏。留在上海演文明戏的一般老人，见猎心喜，于是在新新公司里的绿宝剧场也组织了一个剧团，以介乎文明戏与话剧之间的戏来上演。生角有顾梦鹤、于洋，旦角有范雪朋等人，范是现在在台北住院养病的老剧人文逸民的夫人，当年明眸善睐，绰约多姿，是当时最受观众欢迎的女主角。

后来电影大行其道，绿宝剧场的演员纷纷投入电影界改演电影，当时大家还不懂得轧戏，于是演员星散，人手不足，大家心目中所谓文明戏，也就从此告终了。以上所谈都是本世纪前后的旧事，人地时物或有误漏之处，不过云烟过眼，追昔感旧，在中老年朋友心中也许还能兴起潺潺之思、沧桑之感吧！

打擂台

　　小时候看多了《七侠五义》《三门街》《宏碧缘》一类的小说。尤其是看《宏碧缘》里朱彪正在擂台上耀武扬威，被花碧莲上得台来，用铜底尖绣花鞋挑瞎了双眼一段，对于打擂台可以说心向往之。只是去古已远，欲看无从罢了。

　　民国十八年在杭州开西湖博览会。为了提倡国术，吸引游客，于是举办全国性国术比赛来号召。大会是由剑术名家李景林、武当权威孙禄堂两位共同主持，所以全国各地有头有脸的武术界闻人，有百十多位，全部应约出席观礼。新疆潭腿泰斗恩泽臣特地到北平约了北平国术馆馆长许禹生，一块南下出席。可惜笔者正准备学期大考，不能追随二老前往开开眼界。等许恩二老会后，从杭州回来对大家说："国术是一种极为深奥的武学，其目的首重防身自卫，不得已时才能用拳脚伤人，可是要出手就得一击而中，使对方或伤或死，不能抵抗。由于出手就能伤人，而武术门派五花八门，各有专长，历代相传，难免恩恩怨怨，所以无论哪一门派，都告诫弟子们，习武首先要修心养性，恪遵武德，收徒必须严格拣练，不得其人不传，最忌骄纵狂妄，以武炫人。所以这次虽然有七八十人上台比赛，可是大家上场一过招，三两回合，一方面自知不是人家对手，立刻自认失败，鞠躬下台。起初一般不谙武术的大众，总以为龙腾虎跃，拳脚交加，一定是一场既刺激又紧张的场面，结果差不多都是一发即止，看起来并不过瘾。你们幸亏都没去，否则一定也会感到失望。实在说有几场外家拳脚，内家气功，还是真有几位功力深厚的高手，不过一般人看不懂而已。"

民国二十年我到汉口工作，寄宿汉口青年会，会里总干事当时是宋如海。这位老兄是标准武术迷，一肚子武林掌故，打趟太极拳也有几成火候。他知道我对武术也有浓厚兴趣，晚上没事，就常找我聊天。他说湖南省主席何芸樵文治武功都有一套，省府文职官员固然贤俊辈出，就是他大力开创的湖南国术馆，也是济济多士，高手云集。民国十九年曾经由湖南国术馆主持，在长沙办了一场擂台比赛，所有大江南北各路英雄好汉，全都赶来观摩，一时群贤毕集，真是盛况空前。比武结果，冠、亚军由长沙人谭辉典、谭有光叔侄二人夺去，听说谭辉典练的是铜头铁臂功，用极结实的枣木棍打他，他用胳膊一搏，能把对方震得棍断人摔。他的侄儿谭有光更是外家好手，功夫还在乃叔之上。将来如果举行第二届擂台比赛，千万不可坐失良机，一定要去瞻仰瞻仰。

到了民国二十二年，湖南省果然又在长沙举行第二届国术擂台比赛。同事陆林荪对于看打擂台热度极高，彼此既然道同志合，于是联袂赴湘。哪知这次擂台比武，轰动全国。幸亏事前托朋友订好了下榻地方，预先买好了擂台门票，否则买票固然困难，就是住所也成极大问题。因为赛前四十天，长沙大小旅馆，早就住满三山五岳的英雄豪杰啦。

河北沧州名武师李七柳，碰巧跟我们都住在湖南第一面粉厂的招待所。他对于江湖恩怨，武林秘辛，不但知道得非常详细，就是来龙去脉，也无不了如指掌。他说："这次擂台比武，表面上说是提倡武学，骨子里是北派铁砂掌顾汝章，跟峨眉山清风道人的徒弟柳森严的一场决斗。因为何主席擅长武术而且功力深邃，上有好者，所以湖南国术馆也就网罗了不少武林高手。像以轻功著称的李丽久、写《江湖奇侠传》的向恺然、铁掌开碑顾汝章、太极推手名家郑曼青，以及以武术汇宗驰名南北的万籁声，第一届擂台比赛的冠亚军谭辉典、谭有光，都在湖南国术，或是长沙分馆担任重要职务。其中的顾汝章门户之见最深，自以为技艺高人一等，铁掌无敌，不但出语浮夸，而且一举一动也嚣张逼人，得罪了若干武林同道不说，连新闻界的朋友也全得罪啦。有一次为点小事，把长沙的《大公报》都捣毁得落花流水，因此大家对顾都有点不满，可是敢怒而不敢言，都希望能有武林高手挺身而出，杀杀他的气焰，给大家出出气。

"恰巧这时候长沙出现一位二十岁身材修长的小伙子，叫柳森严，是当时长沙参议员的堂弟。他因为从小身体孱弱，拜在常宁县清风道人门下，跟师傅去峨眉练了十多年武术才回长沙来。柳森严人长得雄姿英发，言谈谦抑随和，既好吃又好玩，所以三教九流不管大人小孩子，都乐意跟他交朋友。在他高兴的时候，就是求他教几招散手防身，都能办得到。因此他在长沙开的专治跌打损伤的森济外科医院，天天都高朋满座，医务也特别兴隆。

"后来有人说，《江湖奇侠传》里的柳迟，向恺然写的就是柳森严。这一传说不要紧，不久就传到何主席的耳朵里了，何有黄金市骨求才若渴的癖好，尤其是本省少年武术精英，焉能放过。于是在省府设筵，折节款待柳森严，当时陪客也都是武术界名流。中国有句俗话'一山难容二虎'，顾汝章向来目无余子，骄纵惯了。现在眼前这个毛头小伙子，既是懂得点三脚猫、四门斗的武功，要不乘此机会折辱他一番，岂不是减了自己的威风。

"酒席散后就在花园子里，表演了一手搓石成灰。可是人家柳森严也不示弱，立刻在金鱼池边，露了一手吹气成潭，把四五尺深的水，吹现碗口大小深洞，虽然未见高低，可是由此就种下这次比武的动机。这回擂台比武，是全武行真刀真枪，可热闹啦，咱们明天仔细去瞧吧。"听了李七老这番谈话，才知道这次打擂台还有偌大内幕。这回来长沙看打擂台，可能不虚此行。

比武擂台设在长沙大操场，地方广阔，可以容纳一两万人。会场四周，布满了帆布篷帐，正中坐北朝南搭了一座主台，台高约有两丈，长宽约有八丈见方，是比武场所。台板是三寸多厚松木，上下场门，也分出将入相。正面兵器架上，十八般兵器，排列得绕眼晶光，正中长条案上摆满银盾银匾锦旗镜框。左右各设副台一座，比主中略矮略小，左首台是贵宾长官席，右首台是裁判医疗大队席，擂台四周有六层看台是买票入场的观众席。场内观众，还没开擂，场子里已经是人山人海，最令人扎眼的是场内和尚尼姑道士伤残乞丐特别的多。也不知道他们是江湖奇侠啊，还是故意前来蒙事的。

第一天揭幕，由何主席做了极短的开场白，名震全国武林前辈杜星五说了几句话，就宣布擂台开始。开场先由万籁声上台表演，他把六尺长茶杯粗的铁棍在胳膊上绕了三匝，掷在台上，吭哧一响，外行人也看得出，这是一场真正气功表演。第二场好像等了半天，没人上台，于是垫了一场武术馆的徒手对打，倒也一招一式，虎虎生风，让人看得一清二白。接着是太极剑表演、梢子棒破单刀、空手入白刃，也都看得出个个身怀绝技，功力不凡。

下午一开场少林劈掌对岭南白鹤掌，以雄浑对轻灵，结果劈掌落败。接着上来一位又胖又矮的汉子跟一位壮年武士对打，脚拳兼施，指掌并用之下，壮年一掌打在胖子肚腹，只见胖子大口一张，一匹白练，直射壮年胸脸，壮年人立即倒在台上。有些观众愣说胖子练有剑丸，所以壮年被击昏倒，于是宣布暂停。经过询问化验结果，胖子所练的是水箭，比赛之前喝足凉水，打在肚内，紧急关头，可以径射伤人。水系凉水，并没毒质，台上台下大家都受了一场虚惊。

接着一位少林跟一位交手，两人在台上转来转去，谁也不敢先出手，后来偶或出拳，也是你闪我躲，谁都没有直接命中过。耗了将近二十分钟，裁判宣布平手，据说两人再打下去，二人一定不死即伤。第一天就此收场，虽没看到什么精彩节目，但是总算看过打擂台了。

第二天一开场顾汝章就登台叫阵，柳森严果然不负众望跟着上了擂台。柳当天穿的是翠蓝色长袍，虽然属于中上体型，可是跟肌充肉紧的顾铁掌一比，就显得渺乎其小啦。我们距离擂台，有二三十丈远，当时又没有扩音器设备，只见顾柳俩，话没说两句，顾出其不意，骤发一掌，柳就像被击倒地，跟着贴地横扫一腿，一霎眼人影一晃，柳已跳下擂台钻入人群，飘然而去。有人说柳的一腿，虽把顾汝章扫到台下，柳森严一伸手，又把顾拉回台上，彼此还说了几句场面话，才草草终场。可惜笔者未曾看到。我们回到住所，李七老说顾汝章一掌，不能把柳制住，再打下去，顾汝章一定凶多吉少，非当场落败不可，不过擂台四周早有部署，柳就是获胜，也出不了会场。柳森严不但招式犀利，头脑也特别敏捷，这次打擂台的目的，也不过是显显威风，露一手给大家看看而已。花了四五天的时间，从汉口跑到长沙看打擂台，柳顾交手不到一分钟，说起来实在令人扫兴。

回到汉口后，不几天宋如海来说，柳森严现在也到了汉口。果然有一天看见柳森严在去中山公园的路上，一袭蓝衫，带了好几位北里名花，坐着敞篷马车，谑浪遨游。据说当天柳去中山公园，就是应上海武林前辈之约的，后来比画起来，柳用四两拨千斤的巧招，胜了那位武林前辈。此事被清风道人知道，立刻亲自到汉口，把柳带回峨眉，从此就没有再听到柳森严的消息了。

这次台南举行世界性国术观摩擂台邀请赛，听说有三百多位中外武术高手参加，一共比赛五天。我想这个消息，不单是我这个擂台迷，就是一班爱好武术的朋友，听了也会异常兴奋。本想头一天就赶到台南，去做现场观众，继而一想，还是先看看电视的实况录像再说吧。这次参加的选手，是按体重分成九级，把外国人的拳击，照方抓药，全给抄过来了。

咱们先谈这个擂台吧，四面不挨不靠，倒是得瞧得看。以高度来说，大概怕选手掉下来摔伤，安全第一，所以看起来不太威武壮观。台上铺的是榻榻米，榻榻米底下是什么就不得而知了，四面就用榻榻米的布边分为内外场。说是为了保护选手的安全起见，头上要戴特制的头盔，选手一戴上，不用说眼观六路，反而变成大丈夫只能向前，至于耳听八方，能听见裁判吹哨子就算不错。手上又要戴四指骈，拇指伸外的新型手套。什么擒拿点穴、一指经、鹰爪功，多么有真功夫的高手，在指掌方面，就是有功夫谁也没法施展。前胸绑着一块塑料海绵做的护胸，等于把身体固定，所谓缩小绵软巧的功夫，一律用不上。听说还有一块护阴，咱没看过，是不是跟打篮球的护裆一样，因为没看见过，所以不敢乱说。如果说选手专踢下阴，都是下三滥的玩意儿，也就品斯下矣，不配当选手啦。要说怕受伤，膝部以下的迎面骨，最经不起摔碰，反而没有保护器具。脚上大家都穿系带子的胶底鞋，在榻榻米上穿胶鞋厮杀，既滑又不着力，请想是什么滋味？所以选手时常会莫名其妙地摔倒，所穿胶鞋，一用劲后跟就秃噜下来叫停，还得请判系鞋带穿鞋子，您说滑稽不滑稽？

　　一百多场打下来，中国固有什么太极武

当少林八卦拳术掌法，一位也没能施展出来，上得台去，每场比赛，好像一个师傅传授，一上台全是两脚又蹦又跳，两人左摇右晃，你乱打，我就乱踢，西洋拳、泰国拳、空手道、跆拳道、摔角、柔道，什么招式都有。有些身大力不亏的选手，一看对手身躯短小，甚至一鼓作气，把对手连推带挤，挤出内线来得分。要说这次擂台比赛是古今中西什锦大拼盘，倒是样样俱全，一点儿也不夸张。可是别忘了，这是国术比赛，咱们让友邦人士赞不绝口的中国功夫，就是这么乱来一气吗？外国人固然搞不清，咱们这百分之百地道的中国人，也被弄得眼花缭乱，说不出所以然了。往者已矣，再过两年，第二届国术比赛，已经决定仍旧在台湾举行。在这两年之内，希望负责单位，好好研究出一套比赛办法，使真正的中国功夫能在擂台上表现出来，让外国朋友重新把中国功夫再来一次新估价，恢复前此光荣。如果我们拿不出好的办法来，还是像小孩打架，胡踢乱打撕掳一场，我看还是免了罢，免得再一次丢人现眼啦。您说是不是?

我看电视

    自从台湾电视公司正式开播，咱就天天看电视，接着中视、华视先后开播，三家电视台的节目，真是争奇斗艳，各有千秋。对咱来说，哪家节目合咱的胃口，咱就看哪家。积十多年看电视的结果，多多少少总有点儿个人看法，现在写点儿出来，请各位高明的观众加以指教吧。

    看电视咱先不去研究寓教育于娱乐，还是寓娱乐于教育一类大问题，可是每天午晚两次新闻，为了了解国家大事、社会动态，总是列为必看节目的。

    中午播映时间，只有缩短的一小时，我

们不去说它，可是晚间新闻气象时间，三家电视台都挤在七点半到八点的半个小时里报告。虽然说新闻报道三台大同小异，看哪家还不是一样，可是细研究起来，三家电视台，哪家都偶或有独家新闻。三家同一时间播报就难免顾此失彼，与自己要看的新闻失之交臂了。更何况同样是一条新闻，各家对现场镜头选择、事件重点的叙述也不尽相同呢。

例如气象报告，咱一定要转到中视去听，因为他家气象报告，不但生动细腻，毫不公式化，而且有些言人所欲闻的气象消息。我想凡是注意气象方面消息的朋友，一定会有同感的。

八点到十点是各电视台的黄金时间，自然应当由各电视台自行安排臻于边际效用的节目，增裕财源。可是六点半到七点，七点到七点半，连同原来的七点半到八点，一共是一个半小时，在这个时间里，正是晚饭当口，三家电视台都认为是黄金外时间。如果大家能够开诚布公，把新闻、气象在这个时间里分别轮流调配，岔开播放，咱想并不是一桩顶困难的事情吧。

电视节目最吸引人的是电视剧，最受人批评的也是电视剧。照咱的看法，一切往求真求实上去做，则一些诟病就可能澄清、化解了。

譬如说，有些闽南语电视剧演员，国语实在太差劲，不但怪腔怪调，甚至于"支吃"不分。偏偏在国语电视剧里，要他（或她）成本大套地去说国语；反之，演国语电视剧的演员，闽南语说得生硬难懂，也硬要挤在闽南语剧里插一脚凑热闹。自己虽然懵然不觉甚且沾沾自喜，可是电视机前的观众可就坐不住啦。如果制作人能在一个电视剧派角之前，慎重加以考虑，电视机前观众可就大大有福，不会听了之后，浑身起鸡皮疙瘩啦。

现在电视剧，真正最让人觉得别扭的是布景、道具、服装跟剧中时代不能配合，民初的戏有清代服装，一会儿又有现代服饰，最显眼的是发型。谁都知道民初的军人，从大帅到兵卒，不是大光头，就是平头、小分头，留大背头的，除了察哈尔主席刘翼飞有几名侍从，大家背后叫他们"兔儿兵外"，军队里找几位留大背头的，那就不太容易啦。

前些时有个电视剧，大帅是"张长腿""韩青天"型的大帅，从正面看，两鬓长长的，从后面看，雄冠佩剑，金带黄绶，脖子上拖着蓬松的头发，所有副官、马弁，也是长发垂肩，让人看着不顺眼事小，整个戏的气氛，都让这几位男性长头发给破坏了。如果电视剧负责人临场有求真求实的意念，任何人不把头发剪到合乎当时的程度，不准上戏，严格执行，咱认为这出戏就不会让人觉得马马虎虎儿戏一场啦。

凡是演清代戏的男演员十之八九都要留一条辫子，照当年实际情形来说，年轻人的辫子上额都要剃成月亮门，青年人还要留一圈孩儿发。甚至于小女孩也不例外，要到十五六岁才把前额留满不剃，叫作留头，无形中说小姑娘渐渐变成大姑娘了。至于中老年人，虽然没有一圈孩儿发，可是剃头打辫子的时候，前额也还是要剃成月亮门型的。

现在电视剧里可好，不论老少，前额都一律粘得四鬓刀裁的整齐，甚至有些少年朋友，从顶门心就辫起辫花儿，一直辫到把根，再跟油松大辫子汇总一辫。这种辫子，可以说古所未有，今却见之，这都是不求真实的现象。希望负责化装的朋友，能研究研究把它改过来，不要再错下去了。

电视京剧在台北的观众来说虽不算稀奇，可是对台北以外各县市爱好京剧的观众来说，大家对这个节目都特别珍视，尤其每周六孙元坡的京剧介绍，不但功能启迪后学，甚至于西皮二黄不分的年轻朋友，听了几次京剧介绍之后，不但上瘾，而且对京剧发生莫大兴趣，甚至有人想立刻拜师学戏呢。咱想如果真正打算振兴京剧，像这类节目应当多多提倡，才是振兴京剧根本之途呢。

不过有一点令人觉得遗憾的是，这个节目的讲解全用口语，并且还掺点儿少数北平土语才能带神。可是字幕上打出的字句，音同字讹的地方实在不在少数，也不知道是写字幕的先生写不出来，或认为无所谓。如果是因为土话字句写不出来，不妨费点儿时间请教一下对京剧有研究的高明之士，切不可将错就错，一直错下去。当年梨园行抄戏本的朋友，把狠毒的"狠"字多加了一点变成"狼毒"，一直"狼毒"了几十年，不知费了多少劲才改过来，前车之鉴，不可不慎。

以上几点都是咱看电视后想说而没说的话，不知各位观众以为如何，是否也有同感?

可抓住了小辫子

要抓对一条小辫子还真不容易呢!

自从台湾有电视,我跟电视就结了不解之缘。尤其晚饭后所谓"黄金时间",恰好是我一天中最悠闲的时刻,所以三台连续剧不择精粗,只要有空,一律照看不误。可是遇到演清代戏剧有人留着稀奇古怪大辫子的,总觉越看越别扭,剧情多引人也只有割爱转台了。

清代太近了,骗不了人

演历史剧夏桀商纣怎样虐虐恣肆,西施

玉环如何玉貌冰肌，因为去古已远，谁也没看见过，自然也就没法挑眼较真了，可是清代服装发型就不同啦。大陆来台以及本省花甲以上的老人现在活着的还很多，当年男女老少是什么样的打扮，脑子里多少还有没能磨灭的印象，尤其看到电视里男人梳的辫子，离了大谱简直完全走样啦。不知道是哪位师傅传授的，所有电视剧里男人梳的大辫，不是前额四鬓刀裁，就是正额留个小发尖，甚至于电视剧里的青年才俊，居然在顶门心分出一绺来，编个小辫子，万发归宗再跟大辫子混合一起，这种发型真是前所未闻，今竟有之。请想顶门心梳小辫，不把头发掀了顶才怪呢！真亏那位美容大师，是怎么想出来这样超时代的发型。

林照雄可圈可点

七月十二日偶然看到"中视"《春风秋雨

未了情》闽南语连续剧节目，剧中林照雄饰演一位叫陈阿泰的所梳的一条油松大辫子，颈后既没髯髫真发，前额又剃成油光瓦亮的一个月亮门，可以说是目前所有电视剧里，最近事实的一条辫子。可是这种化装必须本人先剃光头，然后再上头套，林照雄为艺术而牺牲的精神毅力，实在可圈可点，比起一些又要上节目赚钞票，又要留着滋毛大头的大牌可高明多了。

现在既然有了当年辫子的典型，希望各台编导在可能范围之内能够注意，让那些奇形怪状的大辫子，不再出现在荧光幕上，那我们观众的眼睛就舒服多啦。

谈清代的辫子

    《洪熙官与方世玉》这部连续剧故事情节错综复杂，扣子扣得紧，布局布得奇，悬疑谲诡，变化多端，令人今天看了前一集，欲知后事如何，明天不得不且看下回分解。这一部戏，可以说，编导方面真正得到了连续剧的神髓真昧，收视率之高，也出乎意想之外，上自名公巨卿，下至贩夫走卒，都是它们的忠实观众，足证此一连续剧之叫座力如何了。

    有一天几个朋友在一起闲聊天，不知不觉就聊到连续剧里的辫子问题，《洪熙官与方世玉》之剧情是清朝的事，清朝距民国最近，诸事犹在记忆之中。我们从前是留过辫子的，所说的都是彼时真情实况，可以作为以后连续剧的参考。

在早先，男孩子一呱呱坠地，洗三时一定要把胎毛剃掉，稍微大点儿就留起"锅圈"来了，锅圈是天灵跟四周都剃光，只留一圈长头发。

再大点儿有的顶门留一撮，编起来叫"冲天炮"，左右两边留小辫叫"歪毛"，后脑勺子留一撮叫"坠根"，求好养活。

男孩到十三四岁就要留头了，所谓留头，脑门子留一排叫"孩儿发"，前面刮光，后面留辫子。李翰祥导演《北地胭脂》里的同治皇帝所留的辫子，就是典型青少年的辫子。大户人家未成年的男孩，多半是奶妈天天用篦头打辫子，续上红丝绳的辫穗儿。

至于一般人家，大半是隔一两天找剃头师傅去打。"打辫子"也有技巧，辫子不能打得太紧，太紧了扭头发，也不能打得太松，太松就成了浪荡子荷花大少了。老年人要续黑辫穗儿，服丧的人要用白辫穗儿或蓝色辫穗儿，行商小贩大都不续辫穗儿。

还有一种人不但不续辫穗儿，而且编辫花时里头还衬上一根豆条（粗铁丝），辫子要冲上翘着，叫蝎子尾，彼时的所谓无赖悠嘎杂子，都是这份儿德行。一声说打架，先露胳膊，挽袖子，跟着就是把衬有粗铁丝的辫子，往头上一盘，跟人扭扭搪搪，就不怕被人家抓住辫子了。

普通人干点儿重活，都是把辫子塞在腰带上，也就不拖拖拉拉，碍手碍脚；至于把辫子绕在脖子上的，大概在洗脸时才这么绕，否则让人抓住辫子一勒，那简直是授人以柄了。《洪熙官与方世玉》之前，也演过辫子的连续剧，目前电影和电视，亦常有辫子的扮相，这一段辫子可以供将来再有辫子戏的制片参考参考。

银河忆往

　　在现代社会，电影已经成为衣食住行以外不可或缺的一项娱乐。其实从清光绪二十九年（1903）外国电影输入我国，到现在也不过是八十年历史而已。影剧界前辈郑正秋先生告诉过我，有一个叫雷玛斯的西班牙人，从欧洲带了十多卷没有情节的影片到上海来，刚一开始在四马路青莲阁楼下，挂起一块白布就算银幕，用木板搭了一间足够安放一架放映机的小屋，就可以放映了。每次放映十多分钟，票价四个小铜板，虽然只是些花鸟虫鱼、飞禽走兽的画面，在当时可是新鲜玩意儿。人相走告去看洋人的影子戏，基于好奇、时髦两种因素，因此场场客满，倒也给雷玛斯赚进不少钞票。他在长滨路一带买了不少荒地，地皮涨价又赚进不少。后来虹口大戏院、万国、夏令匹克、卡德、恩派亚几家电影院一家一家开起来，雷玛斯成了初期上海西片的"托拉斯"。

自从雷玛斯在青莲阁放映电影，用小资本赚了大钱之后，欧美电影界才发现中国是最具潜力的好市场，要在中国求发展，上海是最好的立足点。首先在跑马厅附近搭盖一座简陋的电影院，命名"幻仙戏院"。每场先是新闻片，再演滑稽片，休息十分钟再演侦探短片，或是连台影片，每次放映两集，第一次演的是《蛮荒异迹》，接着演《红手套》《就是我》……探险侦探片都是到了紧要关头就明日请早了，每次换片子，都要带动一次高潮。票价虽比青莲阁略高一点，每人小洋一角，可是观众水准则比青莲阁的要高多了。因为上海是水陆两路码头，过往客人川流不息，有些过路客开开洋荤看看洋人影子戏，已经心满意足啦，电影里有情节没情节，反正都看不懂，所以两家各做各的生意，都大赚其钱。

宣统元年（1909年），美国人布拉斯基跟麦唐纳在派克路组织亚细亚影戏公司，他们以戊戌政变、光绪被囚、义和拳之乱、珍妃殉难、西安蒙尘为经纬，拍摄了一部《西太后》影片。因为取材有些地方失真，有些地方乖谬辱华，因此，经清廷跟驻沪外国领事交涉后下令禁演。布拉斯基等经此挫折无意继续经营，让渡给上海南洋人寿保险公司接盘。该公司经理依什尔鉴于前失，如果完全交由不谙中国国情民俗的外籍人士编导，不洽舆情，必然是失败的命运，于是聘请张石川为中国顾问，综理全盘剧务（那时还没编剧导演种种名称）。第一部影片是《蝴蝶梦大劈棺》，演员、布景、服装、道具都是取自文明戏。大家对拍电影都是毫无经验，灯光忽强忽弱，表情有时太温、有时过火。观众的口碑，报章的风评，都不太好。又勉强拍了一部《不幸儿》，果真不幸，亚细亚影戏公司也就寿终正寝了。

几年之后，张石川又联合郑正秋组织了一个新民公司，原计划是邀请沙逊跟哈同两人投资大干一番的，可是一山不容二虎，沙、哈两人意见参商，越谈越谈不拢，最后都放弃参加。张、郑又邀请杜俊初、经营三两人加入，资本方面当然没有沙、哈两人雄厚，在圆明园路租了一块地，围上竹篱笆，盖了几间铅铁棚子，就拍起电影来了。由郑正秋编剧，张石川导演，演员虽然都是文明戏的一流高手，郑、张两人都主张男演男、女演女，可是上海女界思想，虽然比大陆进步开通，但还没有哪个妇女敢去拍电影的。在不得已情形之下，女主角只好仍由男士饰演。演文明戏，男扮女还不十分碍眼，可是灯光一照就现了原形，粗里粗气，还要忸怩作态，令人不忍卒睹。幸亏是无声电影，否则捏着嗓子说话，怪声怪调，更要令人作呕了。据说就这样还拍了四五部戏，有《二百五白相城隍庙》《罗锅子抢亲》《错中错》《天赐良缘》《妻党同恶报》几部通俗滑稽电影。有些人是好奇，有些人是看不懂西洋影片，所以生意也很不错。可是过不多久，第一次欧战爆发，海外胶片来源不继，辛苦经营的影片公司，只好忍痛收歇。

民国六七年，美商史密司集资数十万元，带了大批机件器材来华，准备在南京玄武湖设厂开拍电影。因为人生地不熟，摄影师不灵光，仅仅在杭州拍了一部《西湖风光》。他们股东之间，又发生意见，资金来源断绝，无法继续拍片，结果把全部器材都盘让给商务印书馆。该馆董事会全力支持，不久成立了一个电影部。一开始也只是拍摄些纪录片、新闻片，因为摄影师叶向荣是留美专门攻读电影技术的，所以拍摄的《北平风光》《天真幼稚园》《盛宣怀大出丧》《庐山雪夜》几部影片都很成功。于是增购器材陆续扩充，聘请陈春生、任彭年为正副主任，拍摄了梅兰芳的《闹学》《惊梦》《天女散花》以及《拾遗记》《清虚梦》《猛回头》等几部短片，滑稽警世兼而有之，试销南洋各地，颇受华侨的欢迎，树立了国片在南洋的信誉，各方竞相争购。后来国片在东南亚各国畅销，商务印书馆实居首功。

继而又进一步开拍故事片《孝妇羹》《莲花落》《好兄弟》《松柏缘》《大义灭亲》《荒山拾金》，有的是描写上海社会实况，有的是教孝教忠，主题正确严谨，更博社会大众的好评，张慧冲就是此时以"中国范朋克"蜚声一时的。

同时徐欣夫、顾肯夫组织"中华影戏研究社"，但杜宇创立"上海影戏公司"，张石川、郑正秋卷土重来，又加上周剑云、任矜苹成立"上海明星影业股份有限公司"。上海人向来做事一窝蜂，电影事业如雨后春笋立刻蓬勃起来。徐欣夫脑筋动得快，把轰动一时的社会大新闻，阎瑞生在徐家汇稻田里勒死花国总统王莲英命案，拍成《枪毙阎瑞生》电影，在夏令匹克大戏院上映，连映四十七天，还无法下片，不但盛况空前，创造国片票房最高纪录，也奠定了国片在上海灿烂辉煌的前途。

我看《乾隆皇与三姑娘》

前两天看了一场李翰祥导演的《乾隆皇与三姑娘》。古人说："天下文章一大抄。"李翰祥真可算文抄公的能手了。从皇宫挖地道，直通暗娼的私窠，铜钟一敲，众皆回避，这完全是宋朝道君皇帝跟李师师一段风流韵事，现在错装榫头，愣按在十全老人头上。虽然乾隆也是位风流天子，可是尚不致荒淫到如此不堪，电影有些镜头固然是要扩张夸大，增加喜剧气氛，可是未免厚诬那位皇帝老倌了。三姑娘是苏州佳丽，前朝美女讲究扬州头苏州脚，三姑娘既然是苏州人，为了求真，不但踩上跷，而且一再用特写镜头，照出裙下双钩。甚且从红嘴绿鹦哥联想到凤头弓鞋，冷隽、幽默、细腻，都是李翰祥独出心裁引人入胜的地方，确实非一般粗心大意导演所能望其项背的。

前半部乾隆微服出宫，有一个远景映出清宫神武门筒子河"转角楼"镜头，虽然是个假景，好像无关宏旨，是个赘笔，其实这才是李翰祥高人一等的地方。有这个镜头，才显示乾隆是从这个黄圈圈儿出来的，否则突然在三姑娘卧床后显身，就令人莫名其妙了。

传膳一场戏，是李翰祥故意卖弄之处，不料弄巧成拙，成了全剧败笔。按当年清宫一声传膳，御膳房早就把所有菜式全部割烹就绪了，一一盛在不怕烧的砂煲铜罐里，排列在极厚的热铁板上，上面再覆盖一张同样铁板，上下都用炭火烤着，由御膳房杂役抬到遵义门的门道，再由当值的小太监抬进内宫，撤去铁板，把煲罐菜肴倒在细瓷的器皿里排在餐桌上。皇帝用膳宝座是设在长桌的一端，并不像电影里，皇帝居中而坐。这幕传膳本是可有可无的，李导演为表示手法气魄，所以不惜工本安排这场戏。电影虽不必引经据典，如今去古未远，一切有古籍图片可查，所以也不能太离大谱儿。如果隆冬传膳，从御膳房捧到御前餐桌上，已经冰肴冻馔，还能供上享用吗？

乾隆在三姑娘面前夸耀御膳房组织如何庞大，由几位大臣经管。其实御膳房是属于内务府管辖，有司官总董其事，倒是监厨由太监的都总管派有总管、首领，逐级监厨，防范非常周密而已。

戏里的乾隆皇把苏拉说成小太监。清宫苏拉都是一些正常人，在清宫外廷担任杂差，等于大宅门三小子，因为没有净身，为了防闲，足迹是不准踏进遵义门一步的。

李翰祥导演清宫戏，一向是力求翔实认真。就拿发型来说吧，戏里男人一律剃成光头，然后戴上头套，脑门上留个青色的月亮门，写实逼真，令人看了有一种真实感。像李昆、姜南、詹森、秦煌一些硬配角，固然是如法炮制，就连戏里的主角刘永也不例外。香港电影界导演要求严格，演员忠于艺术精神，不能不让人肃然起敬。

反观台湾各电视台的连续剧里，凡是演清代戏的男士们，前额用头盖满，有的正中还留一个小发尖儿，鬓角长可及腮，辫子从头顶心就编起辫花来了，后脑勺子因为头发太长，无法隐藏，披散在脖子上，看起来不男不女，亦男亦女。照他们护发精神来看，固然可佩，就忠于艺术来说，可就太差劲了。《乾隆皇与三姑娘》这个电影，虽然没有什么高深卓荦的意境，但比一般打打闹闹、哭哭泣泣的电影，似乎令人有耳目一新的感觉，李翰祥导演的影片，还是值得一看的。

《啼笑因缘》

小说家张恨水第一部小说《春明外史》，是在成舍我先生主持的《世界晚报》上发表的。他把北洋时代北平社会各阶层的形形色色描写得淋漓尽致，而且细腻蝶艳，一时文名大噪。书中主人公杨杏园几首杏花诗俏丽俨雅，文坛上更称他是杏花诗人。《春明外史》刊完，又写了一部《金粉世家》，在《世界晚报》连载，其中影射到当时若干阀阅世家，更能引人入胜。

那时上海有人请恨水写电影小说，他正到处搜寻资料。恰巧我有一位朋友张占元，他的尊人是唐山耀华玻璃公司常董，他本人刚从朝阳大学毕业，在偶然机会到天桥听歌，竟然迷恋上合意轩一位鼓姬宗玉兰，每天清早就陪宗氏姊妹在天坛吊嗓子、骑自行车。仅仅这么一段恋史，恨水就根据张、宗两人言谈、神情、动作，安在所写《啼笑因缘》小说里了。这篇小说好像是登在《上海新闻报》的副刊《快活林》里。《上海新闻报》《申报》是当时上海拥有最多读者的两份报纸。小说还没刊完，被郑正秋看中，认为是拍电影的绝佳题材，就请裘芭香、周剑云两位，改写成分幕电影剧本，准备拍摄电影了。

　　民国十六年胡蝶由天一转入明星后，邵醉翁首先利用日本技术摄制了第一部片上发音有声片，为了与胡蝶赌气，并且把邵夫人陈玉梅捧成天一台柱。联华的小生金焰被一批新潮观众捧成电影皇帝。郑正秋、张石川不甘人后，通过报纸、杂志宣传，把胡蝶也捧上电影皇后的宝座。

　　当时上海的大小电影公司虽有十五六家

之多，可是论财力、人才，显然是明星、天一、联华三家鼎足三分的局面了。有一批拥护联华的影迷说，联华的片子都是写实主义，走文艺路线，是最进步的影片公司；而明星拍的《碎琴楼》《红泪影》一类影片，始终走不出鸳鸯蝴蝶派范围，已经不能满足观众需要，太落伍了。明星公司一看其势不祥，经过智囊团的策划，由周剑云提出一个剧本《自由之花》，是把蔡松坡与北平名妓小凤仙英雄美人故事跟民族大义相结合的动人故事，希望能借此提高影片水准，进而挽回明星早期在电影界领导群伦的声誉。

　　《自由之花》《啼笑因缘》《落霞孤鹜》三部都是以北平为背景的。导演郑正秋为求场景真实，壮大声势，毅然决定这三部戏不惜增加开支，全部出外景，远去北平拍摄，派洪深跟董天涯为先遣部队，先到北平去联络布置。洪在北平跟高逸安（言菊朋夫人）拍过《旧世京华》，算是识途老马，他带着董天涯一到北平，就在三海、中央公园、颐和园展开勘察外景工作。等准备工作大致就绪，外景队一行四十余人就搭乘京浦快车，浩浩荡荡来到了北平。此行原本是由郑正秋领队，不巧他又犯了老毛病，喘哮不停，临时只好换了张石川领队，郑留在上海疗养。

明星公司计划在北平拍的三部影片，《自由之花》是郑正秋倾全力制作的有声片；《啼笑因缘》是间歇音响效果，所谓"配音片"；《落霞孤鹜》则仍旧是部无声电影。外景队到达北平之前，早由高逸安给租妥东四牌楼一所宅子，据说是逊清一位王公府邸，长廊邃室，院宽室明，银灯珠箔，备极华丽，每人可以各据一室，比住旅馆要豁亮舒适多了！不过四个美籍技师吃不惯中餐，于是只好让他们住东交民巷六国饭店。

外景队演职员都是第一次来到北平，几曾见过那些碧殿丹垣、翠瓦金铺，大家一面工作，一面畅游各处古迹名胜，不知不觉一晃过了两个多月。先是夏佩珍发现，所有带来衣饰，全部紧绷绷嫌小，各位女星一个个也不例外，大家只好尽量节食减肥。严月娴每餐只喝不放糖的柠檬水一杯，晚餐吃两片白面包，两星期下来，居然瘦了十一磅。

就在大家兴高采烈拍摄电影尽兴游乐，《啼笑因缘》影片也已拍了一半的时候，恰巧教育部所拟电影检查法及审核标准，此时送往立法院审查通过，正式公布实施。法令新颁，而郑正秋、张石川、周剑云这几位明星公司负责人，素来对于法令不十分注意，改编登记出版小说的合法摄制，应先取得摄制权的手续也未办理。这件事被大中国电影公司经理顾无为窥知内情，于是以迅雷不及掩耳快速手法，向内政、教育两部申请登记。等取得合法摄制权后，就在上海申、新两报以巨大篇幅刊登拍摄《啼笑因缘》的预告。

郑正秋看到报纸才知事态严重，马上以电报函件告知在北平的张石川。张素以老练稳健著称，可是遇上这种意想不到的突发事件，一时也慌了手脚。此时《啼笑因缘》拍摄大半，已经投下巨资。明星们每天出外景，在社会上已经相当轰动，加上张恨水再随时在报纸上写点花絮，梅兰芳跟北平知名人士又纷纷邀宴，《啼笑因缘》这部电影，已被炒到妇孺皆知的程度。将来上演，票房是百分之百有把握的。

顾无为在影剧界素有"搅局大王"之称，他虽然没有跟明星公司一决高下的本钱和勇气，不过他的门槛极精，看准了明星决不能放弃已投下偌大资金的《啼》片不拍，于是提出赔偿他一部分损失，将已取得的合法摄制权转让。他这把算盘，打得是左宜右有万无一失的。郑、张跟周剑云三巨头深思熟虑之后，只有忍痛挨敲，别无良策。可是因为张石川严拒在先，一时无法改口，乃由他们的好友、神州影片公司老板汪煦昌挽请当时在上海专门给人排难解纷的社会闻人杜月笙先生出面调解。明星公司花了一笔可观数目的赔偿费，才把事情摆平。俗语说"花钱消灾"，《啼笑因缘》因为双包案的纠纷，反而得到意想不到的宣传效果，处处卖钱，场场客满。

顾无为得了一笔来路不十分光鲜的转让费，也趁《啼笑因缘》正在热炒时期，组织了一个大华话剧团，把《啼笑因缘》改编成为话剧到处上演。在南京上演时，倒也轰动白下，于是招兵买马扩大组织，率领朱飞、林雪仪、刘一心、陈秋风、卢翠兰、林如心、顾宝莲、朱秋痕、林美玉一干男女艺人北上，在北平开明戏院、中央电影院分为日夜场，演出了话剧《啼笑因缘》。

他们下榻的东方饭店，地近纸醉金迷的八大胡同，又是荡女淫娃、浮夸浪子营筑香巢的艳窟大本营，演员中刘一心、陈秋风又都是当年城南游艺园益世话剧社的风流小生、悲艳名旦。识途老马浪子淫娃，一拍即合，其中还牵扯上几位名门闺秀。警方不容他们无法无天闹得太不成话，于是动员大批人马到东方饭店查房间。不但查出男女杂处，而且床上还摆有吸鸦片烟的用具，于是把一干人犯驱逐出境，送到塘沽押上了南下的海轮，才结束了这桩公案。

有人说顾无为头脑灵活，善于投机取巧，对于明星公司的一招棋，虽然巧妙狠辣，尝到甜头，可是在北平弄得灰头土脸，铩羽而归，天道好还，从此一蹶不振。谁说善恶没有报应？后来李丽华、梅熹又重拍《新啼笑因缘》，盛况依然不衰。这件"啼笑因缘"的双包案几乎闹得对簿公堂。一晃有半世纪了，那些当时风云人物十之八九都已物化，就是还有活着的，也都鸡皮鹤发，不复张绪当年。回忆往事，能不令人低回不尽？

早期电影界两位杰出人物：王献斋、汤杰

　　在默片及声片前期，专演坏蛋、让影迷又恨又爱的王献斋，现在五十岁以上的观众，对他那副阴险刁猾、皮笑肉不笑的嘴脸，或许还有一些印象吧！王献斋对于艺事钻研，有锲而不舍的精神，待人接物又是那么谦冲负责，凡是有人向他请教问题，他都搜隐阐微，尽其所知来告诉人家。所以他在银幕上是大坏蛋，私底下是大好人。

　　他原籍山东，从小就跟父亲到哈尔滨做生意，所以他的俄语，能跟大鼻子很流畅地交谈。后来他随母到上海定居，大家有时到霞飞路白俄开的餐馆进餐，跟他去总是又便

宜又好吃。他写出来的文章很有文艺气息，谁知他还是沪江大学医科的学士呢！

他一毕业就在抛球场谋得利眼镜公司担任验光师，薪资所入也不过是勉强糊口而已。这个时候郑正秋、张石川刚刚成立明星影片公司，正准备拍摄第一部剧情片《孤儿救祖记》，到处物色合适的演员。碰巧张石川到谋得利配眼镜，当时电影界人士，是十里洋场最受人羡慕的行当，而张石川更是电影界的大亨，王献斋早就有试一试自己运气、在这个行业中混口饭的决心。良机难得，借着给张石川验光配镜的机会，就把自己的心声吐露出来。张氏正在四处物色《孤儿救祖记》剧中演员，王献斋神采俊秀，谈吐不俗，又打算尝尝电影演员滋味如何，所以两人一拍即合。王献斋毅然加入明星公司，签了合约，成了基本演员（据说他是当时唯一签有合约的演员）。

初上银幕，王献斋在《孤儿救祖记》中，原本是饰演一个正义凛然的小生角色，戏虽不多，可是他的表演天才，生有自来，在镜头前不但风度凝远，而且收放自如，郑、张两位都许为可造之材。

全剧拍了一半，饰演面善心恶、蓄意谋杀孤儿的男主角张荣，忽然拿起乔来，先是拒收通告，后来索性避不见面。郑、张两人四处托人，打听出但杜宇跟他有点远亲，商请但代为说项打圆场，把他的酬劳全部预付。谁知这位仁兄食髓知味，过不几天，又三天打鱼，两天晒网，蹭起愣子来，逼得张石川忍无可忍，毅然决然，把已拍三分之一的影片全都作废，另起炉灶，重新开镜。张荣角色改由王献斋接替，从此奠定了王献斋专演反派的戏型。

张丹斧在《晶报》上送了他一个"人类罪恶的象征"的绰号，接着孙玉声、徐枕亚、陆澹盦等上海文艺界人士纷纷送他绰号，什么"阴险政客""两面人""泼皮流氓""无赖标本"，反正任何尖酸刻薄的字眼儿，众罪集于一身。他十多年影剧生涯坏蛋角色已成定型，想演一次好人，观众也无法接受啦。

后来他参加胡蝶演的《啼笑因缘》，饰沈凤喜的琴师沈三弦。大队人马到北平出外景，他虽然祖籍山东，又在哈尔滨待了很久，可是他一口吴侬软语，说得非常地道，所说国语反而南音甚重，不够标准。外景队到了北平，他整天跟拉洋车的、庙会里卖小吃的打交道，目的在慢慢修正自己说话语气发音，一个人没事就往天桥蹓跶，什么合意轩、长乐轩一些落子馆饭庄子都是他喝茶落脚的地方，所以他在《啼笑因缘》里把沈三弦逢迎顾客、阴损刻薄的行径，演得是淋漓尽致，就连弹弦的小动作也做得惟妙惟肖。后来各电影公司陆续拍有《新啼笑因缘》、续《啼笑因缘》。饰演沈凤喜、樊家树的男女主角演技虽互有短长，可是一说饰演沈三弦的，大家不期而然就想起王献斋，人人都有今不如昔的感觉。

他听人传说，《啼笑因缘》中沈凤喜的经

历，影射了年华老大醋溜大鼓王佩臣的一段恋爱史。他钻头觅缝认识了给王佩臣弹弦的卢成科，花了若干钞票，只跟王佩臣在撷英西餐馆吃了一餐饭，也没谈出所以然来。可惜当时《啼笑因缘》原作者张恨水没在北平，否则跟恨水当面一谈，所有疑问，岂不迎刃而解。

电影界的生活是晨昏颠倒，饮食起居都不正常，他对工作逞强好胜，因此染上了肺病。他怕西医打针，就改吃中药。那时王元龙、严月娴都抽上鸦片，他没事也跟着他们靠烟炕。有人说抽鸦片能遏阻肺病恶化，因此他也渐渐沦入黑籍。到了沪战爆发，影剧同人组织上海影人剧团，溯河而上，入川公演。他因体弱多病，又有了这口嗜好，行动不便，于是先回上海，不幸又染上痢疾，抽鸦片最怕闹痢疾，终于不治，死在上海宝隆医院。现在一些老朋友，提起王献斋来还怀念不已呢！

在台湾提起汤杰来，可能已经没人知道。可是一说"王先生"，五十岁左右的影迷朋友大概还都有点印象。抗战初期，刚刚进入声片时代，汤杰主演的《王先生卖估衣》《王先生进当铺》《王先生过年》等影片都反映了当时社会形形色色的丑态，的确也产生了讽世励俗的作用。

汤杰原籍湖南沅陵，他的祖父曾在两江总督衙门当过参将，后来就在南京落籍。据说他家在八府塘置产时，盖房挖地基处发现"发匪"大量藏镪，所以他家宅第，飞檐重柱，院宽室明，当地人给起名"汤百万"。提起八府塘汤家，那是无人不知、无人不晓的。汤杰从小锦衣玉食，整天调鹰纵犬，养鱼闹蟀，过的完全是花花公子生活。有一天他忽然心血来潮，看见当年小学同学龚稼农等在电影界干得有声有色，他也想跟他们一起去玩。当时明星公司需材孔殷，于是他便轻轻松松踏入了电影界。汤杰平日虽然吊儿郎当毫无豪宕沉雄气概，谁知他拍起电影来倒能敬业乐群、一丝不苟。演王先生剧集，为了造型需要，他把靠近门牙的上下六颗牙齿全部拔掉。看看现在影剧界，要演僧侣或清装戏，有些人愣是不肯剃掉长发，美其名曰护发运动，跟汤杰的敬业精神比起来，实在差得太远了。

汤杰演王先生剧集一集接一集，成了定型，有些影迷跟他见面，直呼王先生，他也居之不疑。湖南人总有点辣椒脾气，片场里最现实，欺软怕硬的事情特别多，要是这类事让他碰上，他必定是分条析理，把事情摆平。事情管多了，难免有得罪人的地方。抗战胜利还都，他担任过国民党军康乐队队长，一九四九年后曾一度下放到祁连山区挖中药。一九五三年冬天回到上海，并于当年去世。

从我国开始摄制影片半世纪来，我看过的国产片，从默片到有声，从黑白到彩色，最少也在两千部以上，见过的男女演员，那更是记不清数不明。不过王献斋、汤杰两位的造型，仍然不时萦回脑际，足证好的演技，是永不磨灭的。

阮玲玉的一生

合肥李竺孙是位神采俊迈、翩翩裘马的佳公子，他家累世簪缨，又住在上海跑马厅一处琼楼玉宇、穿廊圆拱的巨厦里，因此乃叔乃弟都遭过徽帮匪徒的绑架，花了巨款，才先后赎回。谁知匪徒们食髓知味，目标又指向李竺孙，家人惊慌，不知所措。恰巧他的舅父贵池刘硕父，正跟自法学成回国的名摄影家汪煦昌在愚园路合组神州影片公司，他就躲到神州影片公司内居住，暂避匪焰。

住了两月，正赶上圣诞节，电影公司对于这种一年一度的节日，是不肯轻易放过的，于是指定专人筹办舞会。李竺孙原本有他的舞伴，不过怕隐藏住所被人知晓，影响安全，于是刘硕父让他在录取的临时演员中挑选一位，权充临时舞伴。他在众多照片中，一眼看中了一位叫阮玉英的，不过照片后注明：擅长广东话，略谙沪语。李竺孙对广东话一窍不通，上海话也不甚流利，正在踌躇不定，刘硕父愣给他做主，把阮玉英安置成李竺孙的舞伴，并偷偷带阮到北四川路亨利租了一套轻纱礼服。这个舞会布置得雍容高雅，一个燕尾圆转飘举，一个袒肩曳绡柔云，大家仔细看来，才知道那位环姿艳逸、翛然出尘的丽人，敢情是刚被录取的阮玉英。她出过这次风头后，才坚定了投身电影界的决心。

民国十四年春天，明星公司准备开拍《挂名的夫妻》，主角原定由张织云担任。由于张织云跟唐季珊刚赋同居，唐季珊犯了大少爷脾气，不让张织云复出拍片。张石川接受卜万苍的建议，登报招考女主角，但是因为当时社会风气保守，大家闺秀、职业妇女，虽然有心投考，可是大都缺少勇气。

阮因为家境清寒，大家都说她"有开麦拉费司"，她就瞒了妈妈以"阮玲玉"之名，毅然前往投考。那时初出道的影人倪红雁，正跟郑小秋热恋，生怕有人挤掉她当主角的机会，虽然卜万苍面试阮玲玉，谈了不久，就认定阮是上好悲旦人选，决定录用，可是小秋受了倪红雁的怂恿，在张石川跟他父亲郑正秋面前百般阻挠。幸亏明星的旦角赵静霞极力维护，加上任矜苹仗义执言，阮玲玉才被录用，跟龚稼农、黄君甫主演了她的第一部影片《挂名的夫妻》。

黄君甫是浦东人，原本是新闸路菜市里的猪肉摊贩，生就痴肥木讷、傻里傻气。他在戏里饰演阮的丈夫，卜导演教他演喜怒哀乐各种表情，总是做不对，连连吃NG。阮玲玉初上镜头，本就怯场，加上黄君甫这一搅局，几乎停拍，所以阮的处女作《挂名的夫妻》，前半部拍得不能算流畅，到了后半部黄君甫死亡，阮玲玉在戴孝守灵、哀痛欲绝的表演中，她的天才演技才尽量发挥。明星公司几位导演，洪深、任矜苹、张石川一致认为她比丁子明演悲旦更入戏，从此奠定了她在影坛立足的基础。

阮玲玉虽然风姿楚楚、明眸善睐，剪水双瞳令人不敢逼视，可是杨耐梅的《玉梨魂》《新人的家庭》，影片票房价高，正在影坛红得发紫，郑正秋又迷信神怪武侠片子卖钱，加上胡蝶以绚丽涵秀、梨涡醉人在《火烧红莲寺》里出尽风头，阮玲玉只有在《洛阳桥》《白云塔》等根据古典小说拍摄的，公子逃难、小姐后花园私订终身之类格调不高的电影里打转。她那种清道粹美的品格，遭逢如此冷落，自然抑骚愤叹，自惜伶俜。

李竺孙有时跟她相遇，总是约她在跑马厅美心咖啡室让她吐吐苦水。有一次她说，近来她郁闷得自己连情绪都控制不住了，一上镜头，应哭的场面哭不出来，该笑的场面又笑不出来。她因为跟朱飞演对手戏，接触较多，她也知道朱飞沉耽声色，同人对他口碑甚差，所以处处防嫌，结果还惹得张石川大发雷霆，在片场把朱飞训了一顿。当时正拍着《梅林缘》，结果朱飞一闹情绪，把头剃成童山濯濯的光头无法演戏，最后《梅林缘》由于朱飞的耍无赖终于胎死腹内。"请您替我想想处此情形，我还能在明星公司待下去吗？"这话说了没有两个月，她就转到联华影业公司去了。

联华的罗明佑，比明星的郑正秋、天一的邵醉翁，头脑都来得新颖，所以他旗帜下的编剧、导演也都趋向新潮。阮玲玉进入联华后第一部电影《野草闲花》由孙瑜导演，无论剧情结构、灯光布景、演员表白，在在给人耳目一新的感觉。尤其阮玲玉拍的《人道》《大路》《香雪海》《三个摩登女性》等片全是场场卖满堂的影片。当时明星的台柱子胡蝶、天一的陈玉梅只有望风披靡，甘拜下风。现在台湾偶然参加电视剧演出的陈燕燕，就是当年跟阮玲玉在联华的好搭档。当年成千上万的影迷对阮疯狂地崇拜，只有后来的"梁兄哥"凌波差堪比拟，此外还找不出第三人能跟她比肩呢！

阮玲玉原籍广东三水，父亲做跑船生意，不幸早亡。寡母稚雏颠沛流离，乃母给人帮佣辗转来到上海，阮先后在崇德、务本女中就读，因为家境清寒未能卒业。同乡张达民在上海经营广货生意，见她母女生活维艰，不时予以济助。张丁内艰，阮氏母女感于张达民平日援手之德，阮自动到张家服丧尽礼，因在服中，虽未举行婚礼，可是实际上已赋同居，并且生了一个女儿叫小玉。

阮玲玉投身影坛，张达民极端反对劝阻无效，因此忿而离沪，到福州去经商，落个眼不见心不烦。阮玲玉此时由明星跳槽联华，逐渐大红大紫，应酬增多，一次在大华饭店舞会上，经徐欣夫的介绍认识了茶商唐季珊。

唐氏仪表俨雅，谈吐俊迈，而且出手大方，所以两人交往不久，阮氏母女就搬到新闸路金扉雕翠的沁园村唐公馆，阮递补了张织云的地位，做了沁园村新的女主人。

张达民听说阮玲玉不声不响投入唐季珊怀抱，于是赶回上海聘请律师致函唐季珊，指唐侵占财物，准备诉诸司法。唐以阮氏母女只身来投，何来财物，指陈各点全系诬枉，亦延聘律师向法院控告张达民妨害名誉。张受某高明人指教，改控唐妨害家庭，此一影坛桃色新闻，立刻轰动整个上海。

在张、唐互控期间，上海一般专刊凶杀桃色新闻的报纸杂志，不但大事渲染，而且无中生有绘影绘声，某三月刊，甚至把阮玲玉鼻窝几粒白麻子都写成了花边新闻，部分舆论更指摘阮忘恩负义，爱慕虚荣。长篇累牍口诛笔伐，闹得阮玲玉几乎精神分裂，只好暂避喧嚣躲到九华山去静心养性。可是没住多久，种种离奇古怪的绯闻又传到山上来，于是又匆匆回到上海。

李竺孙的令兄是上海有名的星相家，他给阮看过八字，说如果阮的八字时辰准确，连当年的春分都逃不过。李竺孙又给她到黑乔松占六壬神课，也是大凶。当时上海有位精通易理的落拓文人严芙荪，专门在街头给人测字，自称"葫芦子"，往往奇验。李竺孙给她拈了"禾"字、"尹"字，严芙荪说："禾字无口可和，如果涉讼，官司要打到底，而尹字为伊人不见，往深里看穿龙杠抬着尸首，凶机已露，慎防慎防。"

李竺孙三问皆凶，知道大事不妙。果然在民国二十四年三月七日她觉得人言可畏，服了大量安眠药，第二天清早经唐季珊发觉，送到宝隆医院救治。因为她怀有必死决心，安眠药量多力强，救治乏术，一朵影坛奇葩，从此香消玉殒，魂归净土了。

前十几年笔者在台中舍亲家便饭，遇到徐欣夫，彼此多年不见，都多吃了几杯，不觉谈到了阮玲玉。他说戏剧家余上沅跟王瑞麟说，中国女影星，能照导演所说，做到百分之五十已属上驷之材，阮玲玉能做到百分之七八十，前无古人，而后无来者不敢说，可是到现在还没发现呢！阮的才艺如何，从徐老的这几句话中，可以思过半矣。

张织云的遭遇

　　中国早期影坛有艳星之称的悲旦，一是阮玲玉，一是张织云。两人同是广东人，又都是养女，一前一后都嫁过茶商唐季珊，种种巧合，令人不可思议。名导演张石川曾经说过："一个镜头前的演员，能照导演的指点，做到百分之六十以上，已经是挺不错的了，能做到百分之七十算是上驷之材。阮玲玉兰心蕙质，一点就透，能把导演的想法做到九成以上，为影坛不经见的一朵奇葩。张织云由于受教育程度不高，初入影坛又仅谙粤语，指导她在开麦拉前表演，非常吃力，跟阮玲玉的演技实在无法相提并论。不过她谦抑虚心，所以后来也成为一颗红星。"

张织云是广东中山人，幼年跟养母到上海来谋生，因为家境不好，连中学还没读完就辍学了。她对社会少有接触，对于人情世故，完全不懂，所以对外交涉、生活安排一切全听养母的调度。养母是个不讲信义、唯利是图的狡猾妇人，所以造成张织云毕生坎坷的遭遇。张织云最初是投身明星公司才逐渐发迹的，她跟杨耐梅、朱飞、郑小秋联合主演的《空谷兰》，在卡尔登首映。当时，卡尔登是首轮西片影院，选片严格，中国影片是无法挤进去的。《空谷兰》能在卡尔登首演，大家都诧为是异数。据说明星公司是准备以先声夺人姿态，打击新成立的"民新公司"，人情银弹双管齐下，才为国片在该院上演开了先河的。

《空谷兰》上演随票赠送印刷精美、有多幅图片、厚达三十几页的手册。经过这样大力宣传，《空谷兰》果然让明星公司大赚一票，并且跟范朋克主演的《侠盗查禄》同创票房最高纪录。不过塞翁得马，焉知非祸，明星公司刚把张织云捧成红得发紫的熠熠影星，立刻被民新公司的黎民伟、李应生看重，甘言厚币挖了过来。

在民国十三四年，电影事业草创时期，演员跟公司分离聚合，主要是凭感情交情，虽然也都订有合约，可是合约的约束力量是极为有限的。所以演员跳槽，说跳就跳，不像现在合约具有无限权威，在合约未满之前，是没有办法转移阵地的。黎民伟、李应生跟张织云母女是同乡，广东人是最讲乡谊的，同时张织云进民新第一部戏《玉洁冰清》，是根据天津名小说家潘公一部名著改写的。故事叙述一青年画家到乡村写生，邂逅一位天真无邪的少女，两人由相识而相恋。画家回到城市，又爱慕一位富家女的财富，另缔良缘。事为村女获悉，因悲痛过度得了失心症。此一乡村少女角色，颇合张织云悲旦戏路，再加上黎、李对张织云养母的银弹攻势，张织云很痛快地就转到民新公司来了。

张织云踏入影界之初，在明星公司主演各片，就是由卜万苍担任摄影师。灯光的运用，位置的安排，特写的穿插，经过卜万苍尽心的规划，能增加若干美感画面，而卜又正是张绪当年，风度蕴藉，言辞清蔚，相处日久，竟然博得美人芳心。而张的养母知道，此刻想登龙门，势须借重卜万苍的支持不可，便积极撮合，于是卜、张二人由同事变腻友，很快就在古拔路营筑香巢共赋同居之爱。同时卜的好友龚稼农、汤杰搬来同住，也都转入民新公司担任演员。

《玉洁冰清》的导演顺理成章自然是由卜万苍担任，这时候难题来了。老板黎民伟看到张织云明眸善睐，艳光照人，便以财东的身份，告诉卜导演，自己打算现身银幕担任《玉》片男主角；而编剧的欧阳予倩也认为剧中生角，由自己来演最为适当。卜万苍事出两难，但又无法拒绝，只好请黎跟欧阳分别化装试镜。黎年逾中年，已无翩翩裘马的风采；欧阳原为京剧旦角出身，粉墨登场，又嫌脂粉气太浓。两人试镜均不理想，才改由仪容伟迈的龚稼农担任。卜万苍因此就跟黎老板无形中产生芥蒂，《玉洁冰清》甫告拍完，卜、黎即发生冷战，卜在民新渐变成闲散人员。

民新另外一位老板李应生，是上海法租界巡捕房的中国翻译。早年翻译地位虽然不高，可是做了捕房舌人，就能出卖风云雷雨了。他的太太也就借着李的地位特殊，专门结交豪门巨富达官权要，成了当时十里洋场社交界中一位女大亨。以当时上海社会风气，大家都认为电影明星是交际场合中比较高级的伴侣，能够带着电影红星同餐共舞，都觉得身份高华，脸上有无限光彩。李应生太太就利用这点心理，时常以老板娘身份外出交际应酬。起初，还邀卜万苍一同参加燕游，后来索性单邀张织云了。卜万苍一看苗头不对，要张注意李的脂粉陷阱，多加警惕。可是张刚刚踏入纸醉金迷的场所，既新奇又贪玩，把卜的金玉良言当作秋风过耳，不去理会，反而变本加厉。后来张在交际场合认识人愈多，交际愈繁。张本生得清标霜洁，绚丽涵秀，在人影衣香、花光酒气中恍如一朵出水柔菡，渐渐成了阔佬们追逐的对象，反而看卜万苍刚愎自用、不太顺眼。由小吵而大吵，彼此恶言相向渐成尹邢避面。有一天张自苏州拍完影片回到上海，径自囊括细软，不告而别，搬回养母家去。卜万苍知道，侬心已变，势难挽回，三载鸳盟，只好忍痛分手。

张织云跟卜万苍分居不久，每天沉迷在歌厅舞榭，过着红唇软吻、曼舞微醺的生活。茶商唐季珊金多且闲，自然乘虚而入，日傍妆台。烈女怕磨男，过了不久盛宴宏开，唐在汇中饭店大宴亲友之后，就金屋藏娇，张从此不出华厦一步，过着温柔乡生活，等于与社会完全隔绝。就是偶或在先施、永安惊鸿一瞥，连以往极熟的朋友也难得打一下招呼。时光流转，昔日悲剧艳后，影迷们渐渐把她忘了。

唐季珊对于张织云日久生厌，又迷恋上阮玲玉，对张如弃敝屣。此时张织云大梦初醒，颇思东山再起。明星公司张石川闻听张织云已成秋扇之捐，顾念旧谊，颇想拉她一把。可是电影已从无声进入有声时代，张织云国语不太灵光，只好邀请唐槐秋跟她合作，拍了一部粤语发音的影片《失恋》。粤语片本来在上海不甚受大众欢迎，加上灯光灰暗发音不清，张不但不能恢复以往声誉，反使人觉得老去明星，确难跟现代红星一争短长。后来张把身边积蓄陆续花光，一代艳星，似乎已无人提及。

抗战初期，天津各大饭店，住的都不是正当旅客，而是游蜂浪蝶，换而言之，每家饭店除了原有常到住客之外，全让一班神女攫为窝巢。我有一天到"巴黎"访友，在三楼电梯拐角处，看见一位丽人，素面天然，别有一番丰韵；似曾相识，愣了一下，才想起她是张织云。

当年她在明星公司未走红之前，神州影片公司当家花旦丁子明突然退隐，张织云也很想换换环境，跳槽神州影片公司另谋发展，而神州老板汪煦昌也认为如果有好剧本、好导演，张织云必能成为影坛奇葩，但因她养母所索片酬太高，没能达成协议。几度晤谈，我均在座，所以她跟我并不陌生。她也一愣之后，想起前情，立刻拉我到她房间小坐。她自再度拍片失败，养母也因病去世，软红十丈，已无颜露面。在武汉混了一阵子，又辗转来到了天津，我看她处境甚差，打算送她点钱，又怕她脸上抹不开。小坐辞出，悬托元兴旅馆张老板代她付了一个月旅馆费，免得她天天为房租发愁。过了一年多，我再